DAS WELTRETTER WORKOUT

W0193903

verlag

Impressum

1. Auflage 2015

Alle Rechte vorbehalten.
© rap verlag / R.A.P. Presse-Verlag-Werbung GmbH, Freiburg im Breisgau

Herausgeber:	Philipp Appenzeller
Redaktion:	Philipp Appenzeller, Paul Dreßler, Anna Maxine von Grumbkow, Rieke Kersting, Madeleine Menger und Katharina Schäfer
Lektorat & Satz:	rap verlag
Druck:	oeding print GmbH, Braunschweig
Kontakt:	kontakt@rap-verlag.de

ISBN: 978-3-942733-28-1

ClimatePartner °
klimaneutral

Druck | ID: 11339-1411-1007

Made in Germany

DAS
WELTRETTER
WORKOUT

In 6 Wochen zum Weltretter!

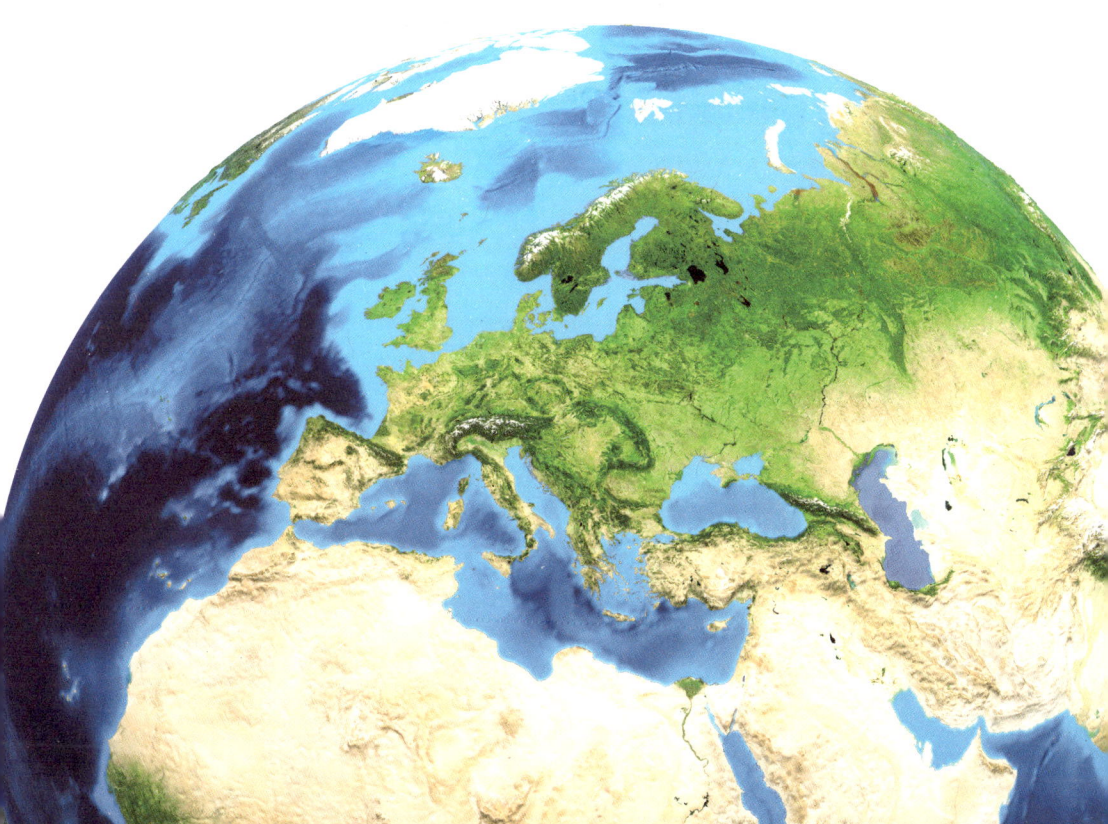

X Inhaltsverzeichnis

1 Vorwort

Nachhaltigkeit, Ökobilanz, CO_2-Ausstoß, ökologischer Fußabdruck: Das alles hast du schon mal gehört, nur du verdrängst es regelmäßig? Bei Job, Studium, Freizeit, Familie und Freunden, wo bleibt da noch Zeit für ökologisches Engagement? Außerdem ist dir das alles zu trocken und zu deprimierend und verändern kannst du alleine ja sowieso nichts. Oder bist du eigentlich eine/r von den Guten, kommst aber so selten dazu? So denken viele, keiner kommt in die Gänge und nichts ändert sich ...

Dann ist dieses Buch genau das Richtige für dich! Denn hier wird nicht lange rumgeschwafelt, keine komplexe Ursachenforschung betrieben und niemand verlangt von dir, deine Freizeit aufzugeben und in die Politik zu gehen. Das Leben ist kompliziert genug.

Das Weltretter-Workout ist ganz einfach und bringt dich in nur 6 Wochen zurück (oder auch endlich mal) auf die gute Seite. Es wird dich nicht mit Fakten und Theorien über die Umweltsünden auf dieser Welt langweilen oder belehren, sondern dir einfach Lust darauf machen, aktiv zu werden. Das Workout zeigt dir, wie du den Faulpelz in dir überlistest und mit nur ein paar Minuten Einsatz am Tag die Welt ab sofort in kleinen Schritten selbst retten kannst.

Vorsicht: Das Ganze kann auch noch Spaß machen und lässt sich problemlos in deinen individuellen Tagesablauf integrieren. Denn hier entscheidest du, worauf du Lust hast! Du wählst aus unterschiedlichen Aufgaben in unterschiedlichen Schwierigkeitsstufen einfach frei die aus, die zu dir passen – ganz nach Tagesform und Laune. Mit dem Weltretter-Workout liefern wir dir also das Handwerkszeug für deine persönliche Weltretter-Strategie.

Teste deinen Weltretter-Status

Damit das Training effektiv ist, machst du zuerst einmal den Weltretter-Test. Der ermittelt nicht nur dein ökologisches Übergewicht, sondern auch deine zwei größten Problemzonen, die dich so richtig in der Umweltbilanz nach unten ziehen. So weißt du genau, wo du mit dem Training ansetzen musst.

Plane dein individuelles Workout

Von uns bekommst du aber keinen fertigen Plan, der dich in ein enges Korsett an Vorgaben und Aufgaben zwängt. Hier entscheidest du selbst, welche Übungen auf dem Plan stehen sollen, worauf du Lust hast und welche dich persönlich voranbringen. So bekommst du ein Workout, das nicht nur hundertprozentig zu deinen Problemzonen, sondern auch zu dir passt!

Entdecke Neues und geh an deine Grenzen

Das Workout setzt gezielt da an, wo es wehtut. Du hast die Wahl: Bleib weiter in deinem eingefahrenen Trott hängen und lass deine Problemzonen immer größer werden oder begib dich einmal ein paar Wochen aus deiner Komfortzone heraus, beiß die Zähne zusammen und verändere dafür nachhaltig etwas! Unser Workout bietet dir mehr als 150 Übungen aus allen Lebensbereichen, die dich in 6 Wochen zum Weltretter machen.

Steigere dein Weltretter-Level

Mit jeder erfolgreich absolvierten Aufgabe sammelst du Weltretter-Punkte. Je mehr Punkte du sammelst, desto besser für die Umwelt, das Klima und deinen ökologischen Traumkörper. Damit du siehst, was du bei deinem Workout herausgeholt hast, zeigt dir die Auswertung am Ende der 6 Wochen, welches Weltretter-Level du erreicht hast. Dann wird abgerechnet!

Tipps gegen den Jo-Jo-Effekt

Lass nicht zu, dass sich die alten unliebsamen Angewohnheiten wieder einschleichen! Darum geben wir dir Tipps gegen den Jo-Jo-Effekt an die Hand und zeigen dir, wie du aus den 6 Wochen Training nachhaltig etwas für deinen Alltag mitnimmst. So hältst du dein ökologisches Übergewicht unten und dein Weltretter-Level oben.

Also: Probier es aus

Es sind nur 6 Wochen, in denen du auch nicht dein komplettes Leben auf den Kopf stellen musst oder dein Haus, dein Auto und deine Haustiere verkaufen musst, um ein besserer Mensch zu werden. Du musst kein ausgewiesener Öko-Krieger sein, um dich zu engagieren. Kleine Sünden sind erlaubt und Pausen sogar fest eingeplant. Du wirst staunen, wie einfach es ist, jeden Tag fast nebenbei etwas für unseren Planeten zu tun.

Schluss mit den Ausreden

Die Zeit der Ausreden ist ab sofort vorbei! Denn die Energie, die du dafür aufwendest, Ausflüchte zu suchen, kannst du viel besser in dein Workout investieren. Das kostet weder viel Zeit, noch

Geld und du musst dafür auch nicht in Hanf-Trainingsklamotten herumlaufen oder Körner essen. Viele Dinge kannst du nebenbei erledigen oder du machst sie sowieso schon – nur bislang etwas anders.

Du verlierst also durch das Workout wirklich nichts, im Gegenteil, du gewinnst auf ganzer Linie: Durch viele der Trainingseinheiten sparst du Geld, lebst gesünder, bist weniger gestresst und gewinnst sogar Extra-Zeit, die du dann für Familie, Freunde und Freizeit nutzen kannst.

13 gute Gründe, heute noch mit dem Workout zu starten

1 Befriedige deine Neugier: Teste deinen Weltretter-Status und finde heraus, wo genau deine Umwelt-Problemzonen liegen!

2 Mit dem herausnehmbaren 6-Wochen-Plan trainierst du gezielt deine individuellen Problemzonen!

3 Das Workout startet leicht und steigert sich langsam über 6 Wochen. Unüberwindbare Hürden sind nicht eingebaut, jeder kann es schaffen!

4 Scheitern ist erlaubt: Wenn du eine Aufgabe nicht lösen kannst oder eine Übung zu schwer ist, dann ist das in Ordnung. Du kannst einfach an deinem nächsten Trainingstag etwas anderes probieren.

5 Das Workout eignet sich für jeden – egal ob Klimaschwein oder Öko-Heiliger, jeder findet mit dem Workout-Plan das richtige Training.

6 Das Workout macht dich auf genau die Weise fit, die zu dir passt. Ganz nach deinem persönlichen Weltretter-Style.

7 Im Trainingsteil zeigen wir dir mit konkreten Aufgaben, wie du zum Ziel kommst. Das ist ganz einfach und erfordert keinerlei Vorbereitung oder Vorwissen.

8 Hier gibt es keinen moralischen Zeigefinger und keinen Zwang – was zählt, ist deine Motivation!

9 Das Motto des Weltretter-Workouts ist Spaß an der Veränderung – und nicht qualvoller Verzicht und Selbstgeißelung!

10 Bei diesem Workout kommt garantiert keine Langeweile auf. Mit den verschiedenen Übungen für deine Problemzonen bist du immer flexibel und kannst nach Lust und Laune variieren.

11 Wie in jedem guten und effektiven Training gibt es Pausen, damit du dich regenerieren kannst.

12 Egal wie intensiv oder ausdauernd du trainierst – immer, wenn du eine Aufgabe meisterst, steigerst du dein Weltretter-Level und tust etwas für den Planeten.

13 Die Welt braucht dich JETZT und nicht irgendwann später!

2 Der Weltretter-Test
So funktioniert's

Du bist schon ganz wild darauf, die Welt zu retten? Nur noch einen Moment Geduld, gleich kann's losgehen! Zuerst einmal machst du aber den großen Weltretter-Test und entdeckst deine persönlichen unökologischen Wohlstandsspeck-Schwarten!

Bevor du so richtig durchstartest, solltest du erst einmal wissen: Wo genau stehe ich eigentlich gerade? Wie umweltverträglich lebe ich? Was sind meine schlechten Angewohnheiten und Laster? Wie groß ist mein ökologisches Übergewicht und wo liegen meine Problemzonen? Denn deine individuellen Problemzonen sind es, bei denen du besonders effektiv ansetzen kannst, um schon schnell Erfolge zu erzielen.

Und um genau diese Bereiche herauszufinden, in denen du bisher keine besonders gute ökologische Figur machst, stellst du dein Leben gleich dem Test.

Dein Leben im Test

Gerade, wenn es um den Klimaschutz geht, spielen unglaublich viele alltägliche Entscheidungen eine Rolle: Was du einkaufst, wie du zur Arbeit kommst und wie lange du deine Kleidung trägst, bevor du sie entsorgst.

Aber natürlich gibt es auch einige große Konstanten in deinem Leben, die für stetigen CO_2-Ausstoß oder andere permanente Umweltbelastungen sorgen. Dazu zählen dein Stromverbrauch, die Heizung deiner Wohnung, deine Raumtemperatur oder auch, wie gut dein Haus gedämmt ist.

Das Zusammenspiel der einzelnen Faktoren ist kompliziert und nicht immer ganz leicht zu durchschauen. Das liegt natürlich auch daran, dass man eine ganze Menge Dinge unbewusst tut und ihnen außerdem nicht unbedingt ansicht, dass sie das Klima und die Umwelt belasten.

Der Weltretter-Test liefert Klarheit. Er besteht aus insgesamt 49 Fragen, die deine vier großen Lebensbereiche abdecken:

 Wohnen & Energie

 Mobilität

 Ernährung

 Konsum & Müll

Damit macht der Test nicht nur die Gesamtbeurteilung möglich, wie hoch dein ökologisches Übergewicht ist. Er zeigt dir auch ganz genau, in welchen Lebensbereichen deine Entscheidungen, Angewohnheiten und persönlichen Rahmenbedingungen besonders problematisch sind.

So ermittelt der Test deine individuellen Problemzonen und zeigt dir, in welchem Bereich du ganz besonders dringend mit dem Abspecken anfangen solltest. Und genau hier beginnt dann auch dein persönliches Weltretter-Workout!

Was sind die Testgrundlagen?

Der Weltretter-Test nimmt dein ökologisches Übergewicht genau in den Blick. Das Testverfahren wurde am aktuellen Stand der Forschung ausgerichtet und anhand der Konzepte der CO_2-Bilanz, des ökologischen Fußabdrucks und des ökologischen Rucksacks entwickelt.

Diese Konzepte arbeiten mit Näherungswerten zum CO_2-Ausstoß oder dem Flächen-, Energie- und Wasserverbrauch von Produkten in ihrem vollständigen Produktions- und Gebrauchs-Zyklus.

Im Unterschied zu diesen Konzepten ist der Weltretter-Test aber nicht darauf ausgelegt, dir eine exakte Zahl zu deiner CO_2-Bilanz oder deinem Flächenverbrauch zu liefern. Der Test liefert stattdessen genaue Erkenntnisse, in welchen Bereichen du ökologische Problemzonen hast und wie deine Gesamtbilanz aussieht.

Und so funktioniert der Weltretter-Test

Der Test bietet dir insgesamt 49 Fragen aus den genannten vier Bereichen deines Lebens und stellt dir jeweils eine bestimmte Anzahl an Antwortmöglichkeiten zur Auswahl. Er fragt also schlicht und einfach nach den Details aus deinem Leben, die ganz verschiedene Auswirkungen auf die Umwelt und das Klima haben.

Die Antwortmöglichkeiten sind abhängig vom Grad ihrer ökologischen Auswirkungen unterschiedlich gewichtet. Bei einigen Fragen kannst du also viele Punkte erreichen, bei anderen wenige.

Je mehr Punkte du insgesamt sammelst, desto größer ist dein ökologisches Übergewicht. Wie viel die Weltretter-Waage bei dir anzeigt und was das bedeutet, erfährst du am Ende des Tests in einer ausführlichen Auswertung.

Bei jeder Frage des Tests musst du genau die Antwort auswählen, die deiner Einschätzung nach am ehesten auf dich zutrifft. Und dabei gilt: IMMER NUR EIN KREUZ !

Weil es einige Fragen gibt, die nicht ganz einfach zu beantworten sind, steht dir hin und wieder auch die Option „keine Ahnung" zur Auswahl. Lass dich nicht irritieren, wenn du die genaue Antwort einmal nicht kennst. An manchen Stellen genügt auch eine Schätzung, andere Fragen wirst du dafür wieder ganz genau beantworten können.

Lass dich beim Ausfüllen des Tests nicht von den Punkten ablenken, die hinter den einzelnen Antworten vermerkt sind. Denn der Test funktioniert nur, wenn du ehrlich antwortest und dabei nicht auf die Punkte schielst.

Solltest du dennoch mogeln, verhilft dir das noch lange nicht zu einem leichteren Workout! Denn der Weltretter-Drillinstructor jagt dich so oder so durch das volle Programm und lässt deine überflüssigen Klima-Pfunde schmelzen. Aber: Wenn du den Test nach bestem Wissen und Gewissen ausfüllst, erreichst du nicht nur eine realistischere Selbsteinschätzung, sondern auch ein besser auf dich abgestimmtes Trainingsprogramm.

Für den Test solltest du dir etwa 15 Minuten Zeit nehmen. Natürlich darfst du auch länger brauchen – das wird dir nicht negativ angerechnet. Im Gegenteil: Der Test ist eigentlich schon selbst der erste Teil deines Workouts, weil er den Finger direkt auf die unnötigen Pfunde legt, die in deiner persönlichen Umweltbilanz auftauchen. Am Ende hast du dann also auch eine Idee davon, wo du überall abspecken solltest, damit du auf diesem Planeten eine bessere Figur machst.

Jetzt aber genug geredet: Mach den Weltretter-Test!

? Der Test

🏠 Wohnen & Energie

1 **Wie viele Quadratmeter bewohnst du?**
Wenn du nicht alleine wohnst, teile die Gesamtfläche deiner Wohnung durch die Anzahl der Personen im Haushalt.

a) unter 25 m² ☐ ①
b) 25−35 m² ☐ ②
c) 36−45 m² ☐ ③
d) 46−55 m² ☐ ④
e) über 55 m² ☐ ⑤

2 **In was für einem Haus wohnst du?**

a) Mehrparteienhaus ☐ ①
b) Reihenmittelhaus ☐ ③
c) Doppelhaushälfte/Reihenendhaus ☐ ④
d) Einfamilienhaus ☐ ⑤

Wann wurde das Haus, in dem du wohnst, gebaut oder zuletzt vollsaniert? **3**

  a) vor 1978 ☐ ⑤
  b) zwischen 1979 und 1994 ☐ ④
  c) nach 1994 ☐ ③
  d) keine Ahnung ☐ ④
  e) Spielt bei mir keine Rolle – ich wohne in einem Passiv- oder Niedrigenergiehaus. ☐ ①

Mit welchem Energieträger heizt du? **4**

  a) Heizöl ☐ ⑫
  b) Erdgas ☐ ⑩
  c) Fernwärme ☐ ⑧
  d) Kohleofen oder Elektroheizung mit konventionellem Strom ☐ ⑮
  e) erneuerbare Energien (Holzhackschnitzel, Wärmepumpe, Solarthermie ...) ☐ ①
  f) keine Ahnung ☐ ⑩

Wie hoch ist die durchschnittliche Raumtemperatur bei dir zu Hause? **5**

  a) unter 20 °C ☐ ①
  b) 20,1 – 21 °C ☐ ②
  c) 21,1 – 22 °C ☐ ③
  d) über 22 °C ☐ ⑤
  e) keine Ahnung ☐ ⑤

Zwischensumme: _____

6 **Wie lüftest du im Winter?**

a) Die Fenster sind dauerhaft gekippt. ☐ 5
b) Die Fenster sind manchmal gekippt. ☐ 3
c) nur Stoßlüftung ☐ 1

7 **Wie häufig duschst du?**

a) weniger als dreimal pro Woche ☐ 1
b) drei- bis fünfmal pro Woche ☐ 2
c) sechs- bis siebenmal pro Woche ☐ 4
d) mehrmals täglich ☐ 5

8 **Wie oft badest du?**

a) mehrmals pro Woche ☐ 5
b) einmal pro Woche ☐ 4
c) ein- bis dreimal im Monat ☐ 2
d) so gut wie nie ☐ 1

9 **Wie häufig läuft bei dir die Waschmaschine?**
Wenn du nicht alleine wäschst, teile die Anzahl der Waschgänge pro Woche durch die Anzahl der Personen im Haushalt.

a) täglich ☐ 5
b) mehrmals in der Woche ☐ 4
c) einmal in der Woche ☐ 2
d) seltener ☐ 1

Nutzt du Spararmaturen an Dusche und Wasserhähnen? **10**

    a) ja, überwiegend ☐ **1**
    b) ja, zum Teil ☐ **3**
    c) nein ☐ **5**
    d) keine Ahnung ☐ **5**

Welchen Strom beziehst du? **11**

    a) Standardstrom (deutscher Strommix) ☐ **10**
    b) Atomstrom ☐ **15**
    c) Ökostrom ☐ **1**
    d) keine Ahnung ☐ **10**

Welche Leuchtmittel benutzt du überwiegend? **12**

    a) Glühbirnen ☐ **5**
    b) Halogenleuchten ☐ **4**
    c) Energiesparlampen ☐ **2**
    d) LEDs ☐ **1**

Zwischensumme: _____

13 **Wie hoch war dein Stromverbrauch im letzten Jahr?**
Wenn du nicht alleine wohnst, teile die Gesamtmenge durch die Anzahl der Personen im Haushalt.

    a) über 2.000 kWh   ☐ ⑤

    b) 1.600 – 1.999 kWh   ☐ ④

    c) 1.201 – 1.599 kWh   ☐ ③

    d) 1.000 – 1.200 kWh   ☐ ②

    e) unter 1.000 kWh   ☐ ①

    f) keine Ahnung   ☐ ⑤

14 **Machst du das Licht aus, wenn du einen Raum verlässt?**

    a) ja, immer   ☐ ①

    b) ja, meistens   ☐ ②

    c) ja, manchmal   ☐ ④

    d) nein   ☐ ⑤

15 **Was machst du mit Stereoanlage, Computer und Fernseher, wenn du sie nicht benutzt?**

    a) komplett vom Netz trennen   ☐ ①

    b) in Stand-by versetzen   ☐ ④

    c) tagsüber in Stand-by versetzen, abends vom Netz trennen   ☐ ②

    d) häufig laufen lassen   ☐ ⑤

🏠 Deine Gesamtpunktzahl im Bereich „Wohnen & Energie": ☐ Punkte

Mobilität

Wie viele Autos und/oder Motorräder hast du? **16**

    a) zwei oder mehr ☐ **10**

    b) eines für mich alleine ☐ **8**

    c) Ein halbes – ich teile es mit einer anderen Person. ☐ **5**

    d) 0,01 Auto – ich mache regelmäßig Carsharing. ☐ **3**

    e) Ich besitze kein Auto oder Motorrad. ☐ **1**

Wie viel Sprit verbraucht dein Auto auf 100 Kilometern im Schnitt? **17**

    a) Ich habe kein Auto – hab ich doch eben schon angekreuzt! ☐ **1**

    b) weniger als 3 Liter ☐ **4**

    c) weniger als 5 Liter ☐ **6**

    d) weniger als 7 Liter ☐ **8**

    e) mehr als 7 Liter ☐ **10**

Zwischensumme: _____

18 Wie viele Kilometer fährst du im Jahr mit dem Auto oder Motorrad? Mitfahren zählt auch!

a) null ☐ ①
b) unter 5.000 ☐ ④
c) 5.000 – 10.000 ☐ ⑥
d) 10.001 – 20.000 ☐ ⑧
e) mehr als 20.000 ☐ ⑩

19 Wenn du mit dem Auto (mit-)fährst, wie viele Personen sitzen dann in der Regel noch im Auto?

a) drei oder mehr Personen ☐ ②
b) zwei Personen ☐ ③
c) eine weitere Person ☐ ④
d) keine, nur ich ☐ ⑤

20 Wie viele Kilometer fährst du in der Woche mit öffentlichen Verkehrsmitteln?

a) null ☐ ①
b) 1 bis 100 Kilometer ☐ ②
c) 101 – 200 Kilometer ☐ ③
d) 201 – 300 Kilometer ☐ ④
e) über 300 Kilometer ☐ ⑤

21 Wie kommst du normalerweise zur Arbeit?

a) mit dem Auto oder Motorrad ☐ ⑩
b) mit öffentlichen Verkehrsmitteln ☐ ⑤
c) mit dem Fahrrad oder zu Fuß ☐ ①

Wie kommst du normalerweise zum Supermarkt/Einkaufen? `22`

    a) mit dem Auto oder Motorrad ⬜ `10`

    b) mit öffentlichen Verkehrsmitteln ⬜ `5`

    c) mit dem Fahrrad oder zu Fuß ⬜ `1`

Es geht in den Urlaub: Welches Verkehrsmittel benutzt du dafür am häufigsten? `23`

    a) das Flugzeug ⬜ `10`

    b) das Auto ⬜ `8`

    c) den Zug ⬜ `5`

    d) den Bus ⬜ `1`

Wie oft bist du in den letzten drei Jahren innerhalb Europas mit dem Flugzeug geflogen (Hin- und Rückflug)? `24`

    a) gar nicht ⬜ `1`

    b) ein- bis zweimal ⬜ `5`

    c) drei- bis fünfmal ⬜ `8`

    d) häufiger als fünfmal ⬜ `10`

Wie häufig bist du in den letzten drei Jahren zu Zielen außerhalb Europas geflogen (Hin- und Rückflug)? `25`

    a) gar nicht ⬜ `1`

    b) einmal ⬜ `10`

    c) mehr als einmal ⬜ `20`

Deine Gesamtpunktzahl im Bereich „Mobilität": ⬜ Punkte

Ernährung

26 **Wie häufig kaufst du Obst und Gemüse saisonal?**
„Saisonal" bedeutet, dass das Obst und Gemüse zu dieser Zeit im Freilandanbau geerntet werden kann.

a) immer   ☐ ①

b) überwiegend   ☐ ③

c) manchmal   ☐ ⑧

d) eher nicht   ☐ ⑮

e) keine Ahnung   ☐ ⑮

27 **Wie hoch ist der Anteil an regionalen Lebensmitteln in deinem Einkaufswagen?**

a) über 90 %   ☐ ①

b) ca. 75 %   ☐ ②

c) ca. 50 %   ☐ ④

d) ca. 30 %   ☐ ⑥

e) unter 10 %   ☐ ⑩

f) keine Ahnung   ☐ ⑩

28 **Wie hoch ist der Anteil an Bio-Lebensmitteln in deinem Einkaufskorb?**

a) über 90 %   ☐ ①

b) ca. 75 %   ☐ ③

c) ca. 50 %   ☐ ⑥

d) ca. 30 %   ☐ ⑩

e) unter 10 %   ☐ ⑮

Wie häufig isst du Fleisch oder Fisch? **29**

    a) täglich ☐ **15**

    b) mehrmals pro Woche ☐ **8**

    c) nur selten ☐ **3**

    d) nie ☐ **1**

Wie hoch ist der Anteil an Konserven, Tiefkühlprodukten und Fertig- gerichten bei deiner Ernährung? **30**

    a) 0 % – sowas gibt's bei mir gar nicht! ☐ **1**

    b) unter 20 % ☐ **2**

    c) unter 50 % ☐ **5**

    d) unter 80 % ☐ **8**

    e) nahezu 100 % ☐ **10**

Wie häufig gehst du essen? **31**
Restaurant, Kneipe, Kantine, Mensa ...

    a) täglich ☐ **5**

    b) mehrmals pro Woche ☐ **4**

    c) einmal pro Woche ☐ **3**

    d) selten ☐ **2**

    e) nie ☐ **1**

Zwischensumme: _____

32 Wie viel Kaffee trinkst du?

a) Ich trinke gar keinen Kaffee ☐ ①

b) nur ab und zu mal eine Tasse ☐ ②

c) täglich eine Tasse ☐ ③

d) täglich 2–3 Tassen ☐ ④

e) täglich mehr als 3 Tassen ☐ ⑤

33 Meine Getränke kommen überwiegend aus …

a) der Dose ☐ ⑤

b) einer Einwegflasche aus Plastik
(mit oder ohne Pfand ist egal) ☐ ④

c) einem Getränkekarton ☐ ③

d) einer Mehrwegflasche aus Plastik ☐ ③

e) einer Mehrwegflasche aus Glas ☐ ②

f) der Leitung ☐ ①

34 Wie häufig wirfst du Lebensmittel weg?

a) so gut wie nie ☐ ①

b) nur hin und wieder ☐ ②

c) regelmäßig ☐ ③

d) sehr häufig ☐ ⑤

Wie viel Milch verbrauchst du in der Woche?

Achtung: Beachte auch die Milch im Kuchen, in Fertiggerichten, im Nachtisch etc.

a) gar keine ☐ ①
b) 1–2 Liter in der Woche ☐ ②
c) 2–3 Liter die Woche ☐ ③
d) einen Liter am Tag ☐ ④
e) mehrere Liter am Tag ☐ ⑤

Wie viele Eier isst du in der Woche?

Achtung: Beachte auch die Eier im Kuchen, in Fertiggerichten, im Nachtisch etc.

a) gar keine ☐ ①
b) 1–2 Eier pro Woche ☐ ②
c) 3–4 Eier pro Woche ☐ ③
d) jeden Tag eins ☐ ④
e) jeden Tag mehrere ☐ ⑤

Was schmierst du dir in der Regel aufs Brot?

Unabhängig davon, welcher Belag noch dazu kommt.

a) Butter ☐ ⑤
b) Margarine ☐ ②
c) keins von beidem ☐ ①

Deine Gesamtpunktzahl im Bereich „Ernährung": ☐ Punkte

Konsum & Müll

38 **Wie viel Zeit hast du letztes Jahr im Hotel verbracht?**

- a) gar keine ☐ ①
- b) weniger als zwei Wochen ☐ ④
- c) zwei bis vier Wochen ☐ ⑧
- d) mehr als vier Wochen ☐ ⑩

39 **Wie viel Geld hast du im letzten Jahr schätzungsweise für Konsum ausgegeben?** (Elektronik, Klamotten, Möbel, Deko, Bücher, Kino, ...)

- a) über 10.000 Euro ☐ ⑮
- b) über 5.000 Euro ☐ ⑫
- c) über 2.000 Euro ☐ ⑧
- d) 1.000 – 2.000 Euro ☐ ⑤
- e) 1 – 999 Euro ☐ ①

40 **Wie viele Handys hattest du in den letzten drei Jahren?**

- a) keins ☐ ①
- b) eins ☐ ②
- c) zwei ☐ ⑤
- d) mehr als zwei ☐ ⑩

Wie oft trägst du im Schnitt ein Kleidungsstück, bis du es wegwirfst? 41
Jacken und Schuhe sind ausgenommen.

a) 1- bis 10-mal ☐ 10
b) 10- bis 20-mal ☐ 8
c) 20- bis 30-mal ☐ 5
d) 50- bis 80-mal ☐ 2
e) häufiger als 80-mal ☐ 1

Womit putzt du dir den Hintern ab? 42

a) Feuchttücher/Pflegetücher/ ☐ 5
   Toilettenpapier mit Duft
b) Frischfaser-Toilettenpapier ☐ 4
c) mal Frischfaser-, mal Recycling-Toilettenpapier ☐ 3
d) nur Recycling-Toilettenpapier ☐ 1

Welches Papier benutzt du für Notizen und Ausdrucke? 43

a) Recyclingpapier ☐ 1
b) weißes Frischfaserpapier ☐ 5
c) mal so, mal so ☐ 3

Bekommst du kostenlose Zeitungen und Werbung in den Briefkasten? 44

a) nein ☐ 1
b) ja ☐ 5

Zwischensumme: _____

45 Wie viele Kosmetikprodukte benutzt du am Tag?
Achtung: Es zählen Shampoo, Duschgel, Seife, Make-up, Deo,
Zahnpasta, Creme ...

a) drei oder weniger ☐ 1

b) vier bis sechs ☐ 3

c) sieben bis zehn ☐ 6

d) elf bis zwanzig ☐ 8

e) mehr als zwanzig ☐ 10

46 Kaufst du Secondhand-Kleidung?

a) nein, nie ☐ 10

b) ja, etwa 10 % meiner Kleidung ☐ 8

c) ja, etwa 30 % meiner Kleidung ☐ 5

d) ja, etwa 50 % meiner Kleidung ☐ 3

e) ja, etwa 75 % oder mehr ☐ 1

47 Kaufst du andere Produkte gebraucht?
Auto, Elektronik, Möbel etc.

a) nein, nie ☐ 10

b) ja, aber selten ☐ 7

c) ja, schon häufig ☐ 3

d) ja, meistens ☐ 1

Trennst du deinen Müll? 48

    a) nein, nie ⬜ ⑤

    b) ja, so ein bisschen ⬜ ④

    c) ja, ziemlich gewissenhaft ⬜ ②

    d) ja, absolut konsequent ⬜ ①

Hast du ein Haustier? 49

    a) ja, 1–10 große Hunde ⬜ ④

    b) ja, einen kleinen Hund oder eine Katze ⬜ ③

    c) ja, ein Pferd ⬜ ⑤

    d) ja, Kleintiere oder Fische ⬜ ②

    e) nein ⬜ ①

Deine Gesamtpunktzahl im Bereich „Konsum & Müll": ⬜ Punkte

! Dein Ergebnis

● ●

Herzlichen Glückwunsch, du hast den Test abgeschlossen. Und jetzt? Jetzt geht es an die Auswertung! Also zücke schnell den Taschenrechner, es sei denn, du bist ein Genie im Kopfrechnen.

So geht's:

Für jede Antwort, die du ausgewählt hast, gibt es Punkte. Dabei gilt: Je schlechter dein Lebensstil für Umwelt und Klima ist, desto mehr Punkte kassierst du. Dein Job ist es nun, alle Punkte fein säuberlich und getrennt nach den vier Lebensbereichen Wohnen & Energie, Mobilität, Ernährung und Konsum & Müll zu addieren und in die Tabelle unten einzutragen.

Wohnen & Energie	Mobilität	Ernährung	Konsum & Müll	Summe

1. Wie groß ist dein ökologisches Übergewicht?

Die Gesamtsumme aller Punkte aus den verschiedenen Lebensbereichen zeigt dir dein ökologisches Übergewicht an, das du auf die Weltretter-Waage bringst. Fiese Zahl? Keine Sorge, wir gehen gleich ran an den Speck!

Alleine die Tatsache, dass du in Deutschland lebst, macht es dir schon verdammt schwer, einen klimaverträglichen Lebensstil zu führen. Denn schon die öffentlichen Emissionen, die durch Straßenbau, -beleuchtung, Betrieb öffentlicher Einrichtungen, etc.

anfallen, schlagen bei jedem Deutschen mit 1,1 Tonnen CO_2 ins Gewicht. An ihnen kommst du nicht vorbei, sie belasten dein CO_2-Konto, ohne dass du selbst schon irgendetwas getan hast, was Emissionen verursacht. Da die gerade noch klimaverträgliche Menge CO_2 bei etwa 2,5 Tonnen pro Kopf liegt, blieben dir nur noch 1,4 Tonnen CO_2, um behaupten zu können, dass du einen ökologisch und klimatisch korrekten Lebensstil führst. Und mit 1,4 Tonnen Emissionen auszukommen, ist in unserer Wohlstandsgesellschaft richtig schwer, so dass es hier quasi niemanden ohne ökologisches Übergewicht gibt.

Und natürlich haben auch dich einige Fragen so richtig reingerissen! Vielleicht liebst du einfach Fernreisen … und Fleisch … und Autos … und zugige Altbauten. Und mal ehrlich: Wer findet schon die energetisch top-sanierte, bezahlbare Mietwohnung, die nur einen kleinen Fußmarsch von Job oder Uni entfernt liegt, lebt vegan, wäscht sich nur mit einem Waschlappen und kauft nie etwas neu, weil er alles direkt recycelt …

Hier geht es aber nicht darum, dir ein schlechtes Gewissen zu machen oder ordentlich die Moralkeule zu schwingen. Wir sehen das jetzt einfach mal sportlich: Je mehr Punkte du angehäuft hast, desto mehr kannst du noch erreichen, desto mehr brauchst du dieses Workout, desto mehr lohnt sich jedes noch so kleine Weltretter-Training und desto mehr wird dich der Weltretter-Drillinstructor auf Touren bringen.

Mehr als 300 Punkte Übergewicht

Willkommen zur großen Herausforderung! Dieses Workout wird dich in nur 6 Wochen so richtig auf Touren bringen – und das ist dringend notwendig. Denn dein Impact in Sachen Klimazerstörung ist groß. Sehr groß.

Naja, jetzt mach dir mal keine Sorgen, wir kriegen das schon hin. Das Gute ist nämlich: Ab heute wird das anders! Und zwar ohne Stress und ohne, dass du alleine in der Ökoecke häkeln musst. Die anderen werden es kaum mitbekommen, denn fast alle Maßnahmen, mit denen dich unser Workout fit macht, brauchen nur ein paar Minuten Zeit, sparen Geld, lassen dir Raum für deinen eigenen Style und verändern weder deine Persönlichkeit noch deinen Look.

Nur eines wird definitiv passieren: Dein Weltretter-Level wird sich steigern und unterm Strich wirst du Klima und Umwelt weniger belasten.

200 bis 299 Punkte Übergewicht

Okay, du machst vielleicht nicht die beste Figur auf der Weltretter-Waage. Immerhin: Andere sehen da noch wesentlich schlechter aus. Doch auch du präsentierst deine Weltrettermuskeln gut gepolstert in einem Kokon aus Wohlstandsfett und bist (noch) weit entfernt vom gestählten Weltretter-Body.

Nur weil du bisher zu bequem warst, dich um Umwelt und Klima zu kümmern und Bio eher mal zufällig in deinem Einkaufswagen landet, heißt das aber nicht, dass Hopfen und Malz bei dir verloren sind. Im Gegenteil: Da ist einfach noch mächtig Luft nach oben und du hast im Workout eine ganze Menge aufzuholen und zu entdecken.

Also raus aus deiner Komfort-Zone! Wenn du dich langsam vortastest und dich auch an Stellen durchbeißt, an denen es mal wehtut, werden nach 6 Wochen Workout auch deine

Weltrettermuskeln schön definiert zum Vorschein kommen – und das ganz sportlich, mit Spaß und ohne fiese Selbstgeißelung.

100 bis 199 Punkte Übergewicht

Nicht schlecht, du bist in vielen Bereichen auf einem guten Weg. Aber einige deiner Angewohnheiten vermiesen dir ganz schön die Bilanz. Du hast definitiv einige (Klima-)Leichen unter dem Bett (oder im Keller...). Die umweltfeindlichen Speckröllchen hier und da lassen keinen Zweifel: Auch du brauchst das 6-wöchige Weltretter-Workout, um deine Problemzonen anzugehen!

Das Gute ist, du kannst deine vorhandenen Potenziale nutzen und viele Übungen werden dir vermutlich schon recht leicht fallen. Du hast immerhin schon mehr als den Hauch einer Ahnung, worum es hier geht, denn nachhaltige Denkweise sowie Umwelt- und Klimaschutz sind dir keine Unbekannten. Umso spannender, wenn es dann

ans Eingemachte geht und du mit dem Finger ganz gezielt in deinen Öko-Bauchspeck piekst.

Weniger als 100 Punkte Übergewicht

Kommst dir wohl schon echt klimafreundlich gestylt vor, was? Jetzt aber mal schön langsam! Du bist ja wohl nicht hier, um dich auf deinem guten Gewissen auszuruhen und den lässigen Öko-Hipster raushängen zu lassen! Du hast hier so einiges vor dir:

Auch wenn du eine Bio-Jeans trägst, steckt darunter noch ein ökologischer Schwabbelhintern, den du in den nächsten 6 Wochen regelmäßig zusammenkneifen wirst. Denn deine CO_2-Pölsterchen sind vielleicht kleiner und etwas besser versteckt, aber sie sind da. Und wenn du mal ganz ehrlich in den Spiegel schaust, weißt du ganz genau, dass du damit zu fett bist für diesen Planeten. Also: Ran an die Problemzonen!

2. Was sind deine Problemzonen?

Dein ökologisches Übergewicht kennst du jetzt. Aber wie ist es verteilt? Wo befinden sich die ganz besonders fiesen Pölsterchen, deine persönlichen Problemzonen?

Ganz einfach: In welchen zwei Lebensbereichen hast du die meisten Punkte kassiert? Nicht kneifen – SCHREIB ES AUF:

Problemzone 1	
Problemzone 2	

Deine Problemzone ist „Wohnen und Energie"

Klar, zu Hause ist es doch am schönsten! Aber zu Hause entstehen eben auch knapp 30 % der CO_2-Emissionen, die ein durchschnittlicher Deutscher so verursacht. Die größten Klöpse dabei sind Heizung, Strom und Warmwasser. Je schlechter dein Haus gedämmt ist, desto mehr fällt deine Heizung ins Gewicht.

Ganz klar, es ist jetzt nicht so einfach möglich, die Wohnung, das Haus oder das WG-Zimmer zu dämmen, die Heizungsanlage auszutauschen oder Sonnenkollektoren aufs Dach zu schrauben. Aber: 90 % aller Maßnahmen zu Hause sind ganz leicht umzusetzen, weil sie nichts mit dem Material deiner Hauswand zu tun haben, sondern mit ganz alltäglichen Angewohnheiten.

Deine Problemzone ist „Mobilität"

Du fährst eben öfter mal Auto – zur Arbeit oder zur Uni vielleicht. Und Urlaub auf der Insel ist eben ohne Flugzeug kaum zu machen. Oder du bist auch im Beruf einfach sehr viel mit dem Auto und dem Flieger unterwegs. Vielleicht ja sogar als Teilnehmer einer Klimakonferenz. Sollst du da jetzt etwa hin laufen?

Keine Frage, Mobilität gehört zum modernen Menschen wie das Internet zum Smartphone. Aber weil das eben so ist, verursacht der durchschnittliche Deutsche eben auch 25 % seiner Emissionen im Verkehr. Doch auch diese Problemzone ist nicht genetisch vorbestimmt. Du kannst mit dem Weltretter-Workout effektiv deine mobile Ökobilanz verbessern – und dennoch überall hinkommen, wo du gebraucht wirst.

Deine Problemzone ist „Ernährung"

Keine Sorge, jetzt geht's nicht ans Kalorienzählen – ist ja nicht die Weltretter-Diät. Viel entscheidender fürs Klima und die Umwelt ist nämlich, was du isst, woher es kommt, wie es verpackt ist und zu welcher Jahreszeit du es kaufst. Denn was Otto Normalbürger so isst, sorgt für etwa 15 % seiner gesamten CO_2-Emissionen. Beispiel gefällig? Eine ganz normale Tomate verursacht, bis sie bei dir auf dem Teller liegt, etwa 30 g CO_2 pro 100 g Eigengewicht – so lange sie aus deiner Region kommt und im Freilandanbau geerntet wurde. Kommt die Tomate aus Übersee mit dem Schiff, ist es das Doppelte. Wenn du aber im März eine Tomate aus der Region isst – die dann aus dem Gewächshaus kommt – hat sie mehr als das 30-Fache (!) an CO_2 im Gepäck: etwa 930 g pro 100 g Eigengewicht.

Kompliziert? Wir machen es dir leicht: Das Weltretter-Workout quält dich nicht mit einer großen Ernährungsumstellung. Hier trainierst du jeden Tag an einer kleinen Baustelle in deinem Einkaufswagen und das geht meist sogar mit etwa einer halben Gehirnzelle. Und: Garantiert ohne Körnerfutter, ohne Diätdrink und ohne Reue!

Deine Problemzone ist „Konsum"

Immerhin: Du hast dieses Buch gekauft (oder geschenkt bekommen) – Konsum ist an sich nun wirklich nicht böse. Man kauft eben Dinge, die man braucht oder einfach so gerne hätte. Und die Wahrheit ist: Weltretter machen das ganz genauso.

Der Weg zu nachhaltigem Konsum läuft weder über völligen Kaufverzicht noch über die totale Do-it-yourself-Quälerei. Nicht jeder kann sich selbst seine Klamotten filzen. Zum Glück. Aber eines ist auch klar: Das wenigste, was wir konsumieren, bräuchten wir zum Überleben. Hier geht es oft auch einfach um ein kleines bisschen Luxus – das beim Durchschnitts-Deutschen insgesamt für über 30 % der CO_2-Emissionen verantwortlich ist.

Jetzt kommt es also darauf an, nicht mit dem eigenen Shopping das Klima zu vermiesen und die ganze Umwelt vollzumüllen. Also, Konsum ja, aber dann bitte richtig. Die Übungen zeigen dir, dass das gar nicht mal so schwer ist.

Und jetzt ab zum Workout und ran an deine Problemzonen!!

3 Dein Plan fürs Workout

So, du hast nun also herausgefunden, wo es zwickt! Doch bevor es so richtig zur Sache geht, nimm dir den Workout-Plan zur Hand und mach dich mit ihm vertraut. Er wird in den nächsten 6 Wochen zu deinem ständigen Begleiter werden.

Der Workout-Plan ist der Leitfaden für dein tägliches Weltretter-Training. Er gibt dir die Trainingsbereiche – passend zu deinen Problemzonen – und die jeweilige Schwierigkeitsstufe vor. Wie es bei einem Workout üblich ist, steigert sich die Intensität der Übungen mit der Zeit. Je fitter du von Woche zu Woche wirst, desto knackiger wird es.

Also: Schnapp dir den heraustrennbaren Trainingsplan ganz hinten im Buch. Trage zunächst einmal deine zwei Problemzonen ein, die sich aus dem Test ergeben haben. Natürlich dürfen auch das Anfangs- und das Enddatum deines Workouts nicht fehlen, so behältst du dein Ziel immer im Auge. Fang doch gleich an!

Um Überlastung und allzu schneller Ermüdung vorzubeugen, beginnt das Workout zunächst gemächlich. Denn viele Einsteiger machen einen Fehler:

Sie wollen gleich von null auf hundert durchstarten und stürzen sich Hals über Kopf ins Training, ohne sich über ihre Ziele und ihren Trainingsstand im Klaren zu sein. Da sind Motivationstiefs und schlechte Laune schon vorprogrammiert. So wird das nichts mit dem Weltretten.

Deshalb bekommst du genügend Zeit, dich warmzumachen und dich daran zu gewöhnen, kleine, unkomplizierte Übungen in deinen Alltag zu integrieren. Und mit ein bis zwei Aufgaben pro Tag ist das auch wirklich nebenbei und ohne großen Aufwand möglich.

Jetzt geht es richtig los! 6 Wochen Workout mit vielen abwechslungsreichen Trainingseinheiten liegen vor dir. Dabei machst du aus deiner einstigen Problemzone eine Stärke und dich damit zum Weltretter!

Trage hier deine Problemzonen ein!

Hier kannst du den Namen der Übung eintragen, die du dir für heute ausgesucht hast, am besten mit Seitenzahl.

Übung gemeistert? Dann darfst du hier im Kontrollkästchen einen fetten Haken machen und dir die Weltretter-Punkte gutschreiben.

MEIN WELTRETTER- WORKOUT PLAN

IN NUR 6 WOCHEN ZUM WELTRETTER

PROBLEMZONE 1

PROBLEMZONE 2

WOCHE 1

TAG 1
Datum
Übung — Stufe ●●● Punkte

PAUSE

TAG 2
Datum
PAUSE

Übung — Stufe ●●● Punkte

TAG 3
Datum
Übung — Stufe ●●● Punkte

Übung — Stufe ●●● Punkte

TAG 4
Datum
TRAININGSFREI

TAG 5
Datum
Übung — Stufe ●●● Punkte

PAUSE

TAG 6
Datum
Übung — Stufe ●●● Punkte

Übung — Stufe ●●● Punkte

TAG 7
Datum
TRAININGSFREI

Trage hier das Datum des aktuellen Trainingstages ein!

Die drei Punkte zeigen dir von Stufe 1 (wie im Beispiel) bis Stufe 3 die Schwierigkeitsstufe an, die heute im Workout gefragt ist.

Auch Regenerationspausen sind fest eingeplant!

Hier überträgst du die Anzahl der Weltretter-Punkte, die du mit dieser Übung sammeln kannst.

Plane dein individuelles Workout

Jetzt bist du an der Reihe: Fülle deinen Plan mit Leben. Dabei entscheidest du, wann welche Übung auf dem Plan stehen soll.

Blättere dich zum Auswählen einer Übung einfach durch das Kapitel mit den Trainingselementen aus deiner Problemzone.

Suche dir innerhalb der im Plan angegebenen Schwierigkeitsstufe nach Lust, Laune und Tagesform eine Übung aus. So erreichst du dein Ziel garantiert, weil du nur die Aufgaben machst, die dich ansprechen und dir persönlich auch wirklich etwas bringen.

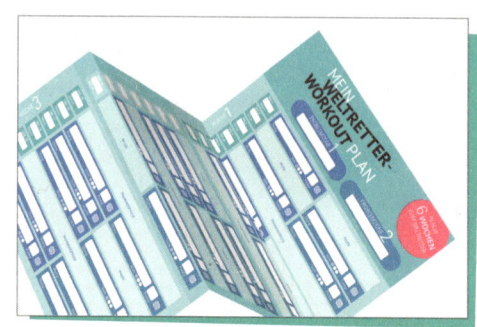

Die Schwierigkeitsstufen

Innerhalb einer Problemzone sind im Buch alle Übungen nach Schwierigkeitsstufe gestaffelt. So wirst du dich leicht zurechtfinden und schnell eine passende Übung finden.

Trage sie in deinen Workout-Plan ein. Dabei ist es am einfachsten, du notierst gleich noch die entsprechende Seitenzahl dahinter, so findest du die Übung schnell wieder, falls du sie noch mal nachlesen willst.

Das ist besonders dann wichtig, wenn du dein Workout gerne langfristig planst und eine ganze Woche oder sogar den gesamten Trainingszeitraum im Voraus eintragen möchtest.

Die Weltretter-Punkte

Damit du außerdem gleich siehst, wie viele Weltretter-Punkte die Übung bringt, solltest du auch sofort die hinter der Übung angegebene Punktzahl übertragen.

Sie steht für den Grad und die Menge der positiven Auswirkungen, die du mit dieser Übung für Klima- und Umweltschutz erzielst.

Je höher die Zahl, desto effektiver ist eine Übung also für die Weltrettung. Diese Zahl ist auch wichtig, damit du dein Workout am Ende auswerten kannst.

Denn je mehr dieser Punkte du sammelst, desto höher ist zum Schluss dein Weltretter-Level.

Finde deinen Style!

Jetzt liegt es an dir. Bist du eher der Ordnungs- und Planungsfreak oder doch der spontane Typ?

Willst du gleich deine nächsten 6 Wochen durchplanen, alle Übungen raussuchen und eintragen oder lieber täglich neu entscheiden, welche Übung es heute sein darf? Alles ist möglich. Plane das Workout und die Aufgaben in deinem eigenen Weltretter-Style. So wie es zu dir und deinem Leben passt.

Dazu gehört auch, dass du manche Übungen mehrfach machen darfst, sollst und kannst – sofern sie sich wiederholen lassen. Auf Ökostrom umsteigen geht eben leider nur einmal. Zu

einseitig solltest du aber auch nicht trainieren – das bringt wenig für die Gesamtbilanz und bringt dich und dein Weltretter-Level kaum weiter.

Traue dich also, auch unbekanntes oder unbequemes Terrain zu betreten. Je mehr du dir hier zutraust, desto größer wird dein Trainingserfolg sein.

Mach mal Pause!

Wie beim Fitnesstraining dürfen natürlich auch im Weltretter-Workout ausreichend Regenerationsphasen nicht fehlen. Zwischendurch einen Tag Pause einzulegen, ist für den Trainingserfolg extrem wichtig. Manchmal will man eben einfach nur abschalten. So kommst du gestärkt und motiviert aus der Pause heraus und hast am nächsten Tag gleich doppelt so viel Lust, die Dinge anzupacken.

Belohne dich selbst!

Was für ein gutes Gefühl ist es doch, Dinge abzuhaken. Genau deshalb darfst du jede erfolgreich absolvierte Übung im Kontrollkästchen mit einem fetten Haken versehen. Das bedeutet für dich auch: Diese Weltretterpunkte gehören dir und bringen dich in der Auswertung am Ende des Workouts ganz weit nach oben.

Jetzt aber ran an den Plan und viel Spaß bei deinem Weltretter-Workout!

Kurzanleitung Schritt für Schritt:

1 Trainingsplan hinten aus dem Buch heraustrennen.

2 Ermittelte Problemzonen eintragen.

3 Trainingsbeginn und Trainingsende notieren.

4 Passende Übungen auswählen und eintragen.

5 Seitenzahlen und Weltretter-Punkte jeder Übung nicht vergessen.

6 Loslegen!

Hilfe, mein Plan ist weg!

Der Plan ist weg, du hast dich verschrieben, bist so motiviert, dass du gleich in jedem Raum einen Trainingsplan aufhängen willst, möchtest zusammen mit anderen trainieren, vier Problemzonen auf einmal machen oder bist Wiederholungstäter und machst das Workout schon zum zweiten Mal? Kein Problem, den Workout-Plan gibt's auch bequem und kostenlos zum Download direkt auf unserer Hompage oder über unsere Facebook-Seite.

www.rap-verlag.de/workoutplan

www.facebook.com/weltretterworkout

4 Die Trainingselemente für dein Workout

Es ist so weit: Jetzt geht's ran an deine Problemzonen! Auf den nächsten Seiten findest du alle Übungen, die du für dein tägliches Training brauchst.

Die Trainingselemente für dein Workout sind fein säuberlich sortiert nach Problemzonen und nach Schwierigkeitsstufen gestaffelt. Die Weltretterpunkte unter jedem Trainingsvorschlag zeigen dir außerdem, wie groß die positiven Auswirkungen dieser Übung für Klima und Umwelt sind. Verschiedene Symbole unterhalb jeder Übung warnen dich vor den Risiken und Nebenwirkungen, die daraus entstehen (können).

Für die Extraportion an Intensität steht außerdem der Weltretter-Drillinstructor parat. Er treibt dich bei vielen Übungen zu Höchstleistungen an und hilft dir, deine persönlichen Grenzen oder einfach nur den inneren Schweinehund zu überwinden.

Worauf wartest du noch? Jetzt heißt es: WELT-RETTEN!

Hier siehst du die Anzahl der Weltretterpunkte, die du sammeln kannst.

Stufe

Weltretterpunkte

Nebenwirkungen

Die Anzahl der Punkte zeigt dir an, welche Schwierigkeitsstufe diese Übung hat.

An den Symbolen kannst du sehen, welche Risiken und Nebenwirkungen lauern.

Das Kleingedruckte: Risiken und Nebenwirkungen

 Klima: Erderwärmung stoppen! Diese Übung ist gut fürs Klima.

 Lecker: Vorsicht, diese Übung könnte dir schmecken!

 Luft: Diese Übung verringert oder vermeidet Luftverschmutzung.

 Müll: Reuse, reduce, recycle – diese Übung sorgt für weniger Müll.

 Artenschutz: Diese Übung kann dabei helfen, das Artensterben zu bekämpfen.

 Wald: Diese Übung ist gut für den Wald.

 Tierschutz: Diese Übung kann für bessere Haltungsbedingungen von Tieren in der Landwirtschaft sorgen oder hilft Tierversuche zu stoppen.

 Fitness: Diese Übung bringt dich in Bewegung.

 Geld: Achtung, diese Übung kann zu einem erhöhten Kontostand führen!

 Gesundheit: Diese Übung ist gut für deine Gesundheit.

 Gewässer: Diese Übung ist gut für Flüsse, Seen und Meere.

 Stoppt Atomkraft: Diese Übung unterstützt den Atomausstieg.

 Fairness: Diese Übung kann zu einer gerechteren Welt beitragen.

 Wissen: Diese Übung macht schlau.

 Zeit: Achtung, diese Übung spart Zeit, die du für andere Dinge nutzen kannst!

 Wasser: Diese Übung spart Wasser.

Jetzt musst du also nur noch die für dich passenden Übungen aussuchen und in deinen Workout-Plan übertragen – und schon kann es losgehen!

 # Wohnen & Energie

Lass dich nicht blenden

Mach einen Gang durch deine Wohnung und prüfe alle Lampen: Gibt es welche, die zu hell sind oder sogar blenden? Dann tausche die Glühbirne gegen eine entsprechend schwächere aus und spare Stromkosten. Die neue Birne sollte dabei eine LED sein, denn die sind mit Abstand am sparsamsten und langlebigsten.

Kleine Orientierungshilfe: Eine 8-Watt-LED ist in etwa so hell wie eine 60-Watt-Birne. Im Zweifel das Personal im Lampenladen fragen!

Stufe

Weltretterpunkte

Nebenwirkungen

Licht aus

Achte heute mal bewusst darauf, dass nur dort Licht brennt, wo du es wirklich brauchst. Dass der Einschaltvorgang besonders stromfressend sein soll, ist übrigens ein Mythos — selbst bei Neonröhren lohnt sich das Ausschalten, wenn du ein Zimmer länger als eine halbe Minute verlässt.

Du hast Angst im Dunkeln und kannst ohne Licht nicht einschlafen? Wie alt genau bist du eigentlich?!

Stufe

Weltretterpunkte

Nebenwirkungen

Ladekabel raus

Lässt du das Ladekabel von Handy, MP3-Player oder Rasierapparat in der Steckdose stecken, auch wenn kein Gerät dranhängt?

Zieh die vereinsamten Ladekabel heute konsequent aus der Steckdose raus! Denn das Netzteil verbraucht weiterhin Energie – auch ohne angeschlossenes Gerät. Das Gleiche gilt natürlich auch für Tablet- und Laptop-Ladekabel.

Stufe

Weltretterpunkte

Nebenwirkungen

Ab in den Ruhezustand

Greif heute Abend zu deinem Smartphone, Tablet und/oder Computer und überprüfe die Energieeinstellungen: Stelle ein, dass sich das Gerät nach 15 Minuten Leerlauf in den Ruhezustand verabschiedet. Das spart Energie und schont den Akku.

Je nach Gerät und Nutzungsverhalten kannst du die Zeit bis zum Ruhezustand sogar noch weiter verkürzen.

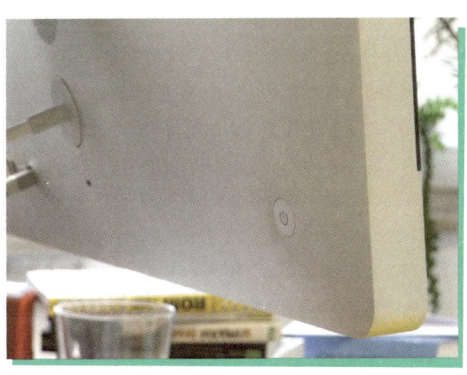

Stufe

Weltretterpunkte

Nebenwirkungen

Akku sparen

Handys, Tablets und Co. fressen ganz langsam ihren Akku leer, selbst wenn du sie gar nicht benutzt und sie einfach nur eingeschaltet sind – und nagen damit am Klima. Also gönn ihnen heute eine Auszeit, wenn du schlafen gehst oder sie länger alleine zurücklässt. Die passende Funktion nennt sich „ausschalten".

Stufe

Weltretterpunkte

Nebenwirkungen

Bildschirmhelligkeit

Schau heute mal ganz bewusst auf den Bildschirm deines Computers, Handys und/oder Tablets und überprüfe die Helligkeit. Na, 100 %? Ein zu hell leuchtender Bildschirm lässt deine Augen schneller ermüden und frisst viel Energie. Also regle die Helligkeit runter. Ist der Bildschirm zu dunkel, schadet das den Augen aber ebenfalls – wie fast überall ist auch hier ein gesundes Mittelmaß am besten.

Stufe

Weltretterpunkte

Nebenwirkungen

Tür zu!

Dass man nicht bei geöffnetem Fenster heizen sollte, leuchtet ein. Achte heute mal darauf, dass du auch die Türen zwischen beheizten und ungeheizten Räumen geschlossen hältst. Du brauchst ja nicht den ganzen Flur mitzuheizen.

Stufe

Weltretterpunkte

Nebenwirkungen

Nicht volle Pulle heizen

Wenn es dir zu Hause das nächste Mal zu kühl ist, drehe die Heizung trotzdem nicht bis zum Anschlag auf!

Eine voll aufgedrehte Heizung wird nämlich nicht schneller warm als auf Stufe 3. Sie heizt nur noch weiter, wenn die Wohlfühltemperatur schon längst erreicht ist. Das kostet Energie und bringt dich ungewollt ins Schwitzen.

Stufe

Weltretterpunkte

Nebenwirkungen

Nachts die Heizung runterdrehen

Drehe heute ALLE deine Heizungen runter, bevor du ins Bett gehst. Am besten ist eine Absenkung der Temperatur um ungefähr 4 bis 5 °C. Aber schalte sie nicht ganz aus, denn eine richtig ausgekühlte Wohnung verschluckt mehr Heizkosten, wenn sie wieder aufgewärmt werden muss und ist ein gefundenes Fressen für Schimmelpilze.

Bei vielen Heizungen lässt sich für die Nacht auch eine zentrale, automatische Absenkung der Temperatur einstellen.

Stufe

Weltretterpunkte

Nebenwirkungen

Rollläden runter!

Dein Workout-Programm für heute Abend, bevor du dich im Bett davon erholen kannst: Einmal durch die Wohnung laufen und alle Roll- und Fensterläden schließen! Durch diese Wärmedämmung kühlt die Wohnung über Nacht nicht so stark aus, die Heizung muss weniger tun und du sparst bei den Heizkosten.

Runter vom Sofa und ran an die Rollläden!

So ein kleines Oberarm-Training vor dem Schlafen-gehen hat noch nie-mandem geschadet!

Stufe

Weltretterpunkte

Nebenwirkungen

Stoßlüften an kalten Tagen

Heute gibt es ein wichtiges Training für die kalten Monate, mit dem du die Heizkosten spürbar senken und die Luftfeuchtigkeit in deiner Wohnung auf einem optimalen Niveau halten kannst:

Stoßlüften! Reiße zum Lüften lieber mehrmals täglich für ein paar Minuten alle Fenster auf, anstatt sie den ganzen Tag in Kippstellung zu lassen und aus dem Fenster rauszuheizen. So geht beim Lüften weniger Wärme verloren und es kommt trotzdem regelmäßig ein frischer Stoß Sauerstoff rein.

Stufe

Weltretterpunkte

Nebenwirkungen

Heizungswohlfühlcheck

Mach heute den Heizungswohlfühlcheck! Probier aus, welche Temperatur für dich angenehm ist. Fühlst du dich auch wohl, wenn es 1 °C kälter ist als sonst? Das ist gut, denn damit kannst du ca. 6 % Heizkosten einsparen. Für Wohnräume gilt allgemein eine Empfehlung von 19 bis 20 °C tagsüber.

Stufe

Weltretterpunkte

Nebenwirkungen

Kühlere Träume

Prüfe heute Abend die Raumtemperatur deines Schlafzimmers. Viele Leute schlafen in zu warmen Räumen, dabei sind etwa 16 bis 18 °C am besten. In einem kühlen Raum kannst du außerdem nachts viel besser den Sauerstoff aus der Luft aufnehmen und wachst morgen früh erholter auf.

Stufe

Weltretterpunkte

Nebenwirkungen

Lüften an heißen Tagen

An heißen Sommertagen lässt du tagsüber am besten Fenster und Türen geschlossen und stellst dafür nachts auf Durchzug. So kommt eine Menge kühlerer Luft rein. Probier's heute Abend mal aus. Wetten, dass du morgen am Tag dann auch ganz gut ohne Klimaanlage und Ventilator über die Runden kommst?

Stufe

Weltretterpunkte

Nebenwirkungen

Mut zur Dackelwurst

Zieht's unter der Tür oder dem Fenster durch? Dann lege heute als Sofortmaßnahme eine „Dackelwurst" vor den Spalt! Statt eines Hundes (kein echter, aus Stoff natürlich ...) tut es natürlich auch eine zusammengerollte Decke oder ein Kissen.

Langfristig könnte es praktischer sein, einen Zugluftstopper – sieht aus wie eine langgezogene Zahnbürste – an die Tür zu schrauben.

Stufe

Weltretterpunkte

Nebenwirkungen

Ein wärmerer Kühlschrank

Wirf heute, wenn du nach Hause kommst, einen Blick in deinen Kühlschrank. Die Frage lautet aber zur Abwechslung nicht „Was kann ich essen?", sondern „Welche Temperatur ist eingestellt?". 7 °C reichen im Normalfall völlig aus, eine kühlere Temperatur ist wirklich reine Energieverschwendung.

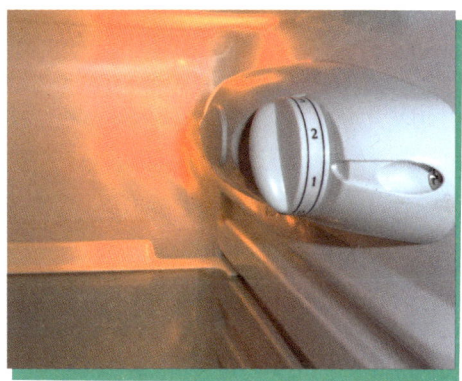

Diese Übung bringt übrigens einige schöne Nebeneffekte mit sich: Die Butter steht nicht mehr wie ein Eisklotz auf dem Tisch, sondern kann mit handelsüblichem Werkzeug bearbeitet werden. Und alles, was du direkt aus dem Kühlschrank konsumierst, schmeckt nun etwas intensiver. Du hast keine Temperaturanzeige am Gerät? Einfach mal für eine Stunde ein Raumthermometer ins mittlere Fach legen.

Stufe

Weltretterpunkte

Nebenwirkungen

Vor dem Öffnen überlegen

Wenn du heute zum Kühlschrank gehst, dann überlege dir vorher genau, was du dort eigentlich suchst. Denn je länger du grübelnd vor der geöffneten Tür stehst, desto mehr Wärme dringt ein.

Eine energiesparende Maßnahme, die gleichzeitig Kalorien spart, wenn du die Anzahl der „Mir-ist-langweilig-was-kann-ich-essen?"-Gänge zum Kühlschrank reduzierst ...

Stufe

Weltretterpunkte

Nebenwirkungen

Powerduschen

Heute ist Turbo-Duschen angesagt. Je kürzer du duschst, desto weniger Wasser muss erwärmt werden und das spart Energie. Alternativ oder zusätzlich kannst du auch die Temperatur runterdrehen und ein bisschen kühler duschen. So startest du wach und frisch in den Tag!

Stufe

Weltretterpunkte

Nebenwirkungen

Angst vor der kalten Dusche, oder wie? Schmerz ist nur Schwäche, die den Körper verlässt!

Duschen statt baden

Erschöpft vom anstrengenden Weltretter-Workout? Jetzt bloß nicht schwach werden und faul in der Badewanne rumlümmeln. Das verbraucht nämlich mehr als doppelt so viel Wasser wie eine Dusche und auch entsprechend mehr Wärmeenergie.

Duschen spart außerdem Zeit und ist deutlich hautfreundlicher. Also heute gilt: Duschen statt baden!

Stufe

Weltretterpunkte

Nebenwirkungen

Geschäftliches

Achte heute mal ganz bewusst darauf, beim WC die Stopptaste bzw. den „kleinen Knopf" zu drücken, wenn dein Geschäft entsprechend klein ist. Diese Übung wirst du im Laufe des Tages voraussichtlich fünf- bis achtmal wiederholen.

Über den ganzen Trainingszeitraum hinweg wird sich das schon auf deiner Wasserrechnung bemerkbar machen.

Stufe

Weltretterpunkte

Nebenwirkungen

Lass die Spülmaschine laufen

Du hast eine Geschirrspülmaschine? Dann nutze sie heute! Das spart nicht nur Arbeit, sondern im Vergleich zum Abwasch per Hand auch Energie und Wasser. Allerdings solltest du sie nur dann laufen lassen, wenn sie einigermaßen voll ist. Zwei Wochen warten, bis alle Speisereste versteinert sind, ist aber auch keine Lösung.

Stufe

Weltretterpunkte

Nebenwirkungen

Spül kühl

Stell an deiner Spülmaschine heute mal das Programm mit niedrigerer Temperatur ein. Wenn das Geschirr auch so sauber wird (und das wird es), dann mach dieses Programm zu deinem neuen Standardprogramm. Schont übrigens gleichzeitig dein Geschirr, vor allem die Kunststoffsachen.

Stufe

Weltretterpunkte

Nebenwirkungen

Einfach nur abkratzen

Geschirrspülen von Hand oder mit der Maschine? Hier gilt „entweder, oder", aber nie „und"! Steck das Geschirr heute einfach so in die Spülmaschine, ohne es vorher von Hand vorzuwaschen – Speisereste abkratzen genügt. Merkst du einen Unterschied im Ergebnis? Wahrscheinlich nicht! Dafür sparst du Wasser, Energie und Geld.

Stufe

Weltretterpunkte

Nebenwirkungen

Stöpsel verwenden

Musst du heute von Hand spülen? Dann spül nicht alles einzeln unter fließendem Wasser, sondern sammle Geschirr. Das kannst du dann in einem einzigen Aufwasch abfertigen.

Neben Schwamm und Spülmittel ist dein wichtigstes Hilfsmittel bei dieser Aktion der Stöpsel. Das gestaute Wasser weicht deine Teller ein und macht dir damit den Abwasch leichter. Außerdem sparst du auf diese Weise eine Menge Wasser und Energie.

Stufe

Weltretterpunkte

Nebenwirkungen

Vorwäsche streichen

Vielleicht gibt es mal den Spezialfall, dass du einen großen Haufen Fußball-trikots mit eingetrockneten Schlamm-resten waschen musst. Hier lohnt es sich, an der Waschmaschine "Vorwä-sche" einzustellen. In allen anderen Fällen kannst du darauf getrost ver-zichten! Normal verschmutzte Wäsche wird auch ohne Vorwäsche blitzsauber. Also fang heute damit an, die Vorwä-sche zu streichen!

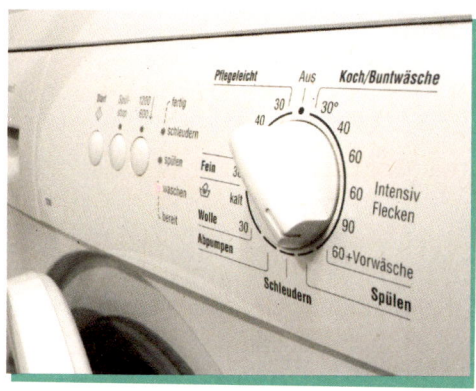

Schöner Nebeneffekt: Ohne Vorwäsche brauchst du weniger Waschmittel und deine Wäsche ist auch schneller fertig.

Stufe

Weltretterpunkte

Nebenwirkungen

Auf LED-Lampen umrüsten

Heute prüfst du systematisch alle deine Lampen. Alle Glühbirnen und Halogenleuchten solltest du durch LED-Lampen ersetzen (am gemütlichsten: „warmweißes" Licht).

LEDs sind zwar in der Anschaffung teurer, dafür halten sie unglaublich viel länger und sparen Stromkosten. Im Gegensatz zu den meisten Energiesparlampen fällt außerdem kein giftiges Quecksilber an.

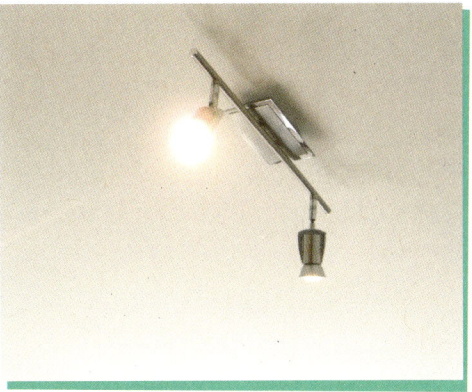

Stufe

Weltretterpunkte

Nebenwirkungen

Richtig ausschalten

Schalte heute alle Geräte, die du gerade nicht brauchst, ganz aus, statt sie im Stand-by-Betrieb weiterlaufen zu lassen. Das gilt für den Fernseher und das komplette Zubehör, den Computer, die Stereoanlage und auch für Lampen mit externem Netzteil.

Wenn du dich daran gewöhnst, kannst du so im Jahr locker 80 Euro Stromkosten sparen.

Findest du den Ausschalt-Knopf nicht? Dann schau halt in der Bedienungsanleitung nach – oder zieh den Netzstecker!

Stufe

Weltretterpunkte

Nebenwirkungen

Leiste dir was für die Steckdose

Viele Geräte zu Hause kann man gar nicht richtig ausschalten. Das erkennst du daran, dass immer noch ein Lämpchen leuchtet, irgendetwas brummt oder das Netzteil warm bleibt.

Kauf heute eine Steckdosenleiste oder ein Kabel mit Kippschalter und kappe den sinnlosen Verbrauchern so in Zukunft mit nur einem Knopfdruck die Leitung.

Stufe

Weltretterpunkte

Nebenwirkungen

Umsteigen

Auf echten Ökostrom umzusteigen, ist der bequemste und effektivste Weg, ein Zeichen gegen Strom aus fossilen Energiequellen und Atomkraft zu setzen und das Klima und die Umwelt zu schonen.

Mach den entscheidenden Wechsel! JETZT! SOFORT!

Du bist noch nicht umgestiegen? Dann informiere dich heute mal, welcher unabhängige Ökostromanbieter für dich in Frage kommt, z. B. Naturstrom AG, EWS Schönau, Greenpeace Energy, LichtBlick oder Polarstern. Und in vielen Fällen sparst du beim Umsteigen auch noch Geld.

Stufe

Weltretterpunkte

Nebenwirkungen

Kälter waschen

Schalte deine Waschmaschine heute mal einen Gang runter. Normal verschmutzte Wäsche wird auch bei 40 statt 60 °C oder bei 30 statt 40 °C sauber. Ab und zu ist ein Heißwaschgang, der wirklich alle Bakterien restlos vernichtet, sinnvoll – aber längst nicht so oft, wie du vielleicht denkst. Und 60 °C reichen hier auch völlig.

Stufe

Weltretterpunkte

Nebenwirkungen

Leine statt Trockner

Lass den Wäschetrockner einfach mal in der Ecke stehen, häng deine Wäsche auf die Leine und lass sie von Wind und Sonne trocknen. Wenn du dauerhaft auf die Leine umsteigst, kannst du jährlich ca. 150 Euro Stromkosten sparen.

Stufe

Weltretterpunkte

Nebenwirkungen

Fegen statt saugen

Zeit für einen Wohnungsputz? Probier's doch mal mit Fegen statt Saugen! Den Besen zu schwingen, ist nicht nur ein super Home-Workout-Programm, sondern verbraucht auch kein bisschen Strom. In Ecken, Nischen und Winkeln ist der Staubsauger dann aber doch überlegen – wie wär's mit einer Hybrid-Lösung? Flächen fegen, Ecken saugen!

Stufe

Weltretterpunkte

Nebenwirkungen

Barrierefrei heizen

Unternimm heute einen Wohnungsrund-
gang: Gibt es Heizkörper in deiner Wohnung, die du nutzt, die aber durch Möbel
verbarrikadiert sind? Oder vor denen bo-
denlange Vorhänge hängen? Schnell weg
damit, denn sie hindern die warme Luft
daran, sich frei und gleichmäßig im Raum
zu verteilen. Ohne Barriere wird's schneller warm und du heizt somit automatisch
weniger.

Stufe

Weltretterpunkte

Nebenwirkungen

Warm und kalt trennen

Einer der größten Energieschlucker im
Haushalt ist dein Kühlschrank und je wär-
mer die Umgebung ist, desto stärker muss
er kühlen. Steht er bei dir direkt neben
dem Backofen? Dann mach dir heute Gedanken, ob du deine Küche so umräumen
kannst, dass die zwei voneinander getrennt sind. Wenn du zusätzlich die Raumtemperatur in deiner Küche etwas senkst,
spart das doppelt: Heizkosten und Stromkosten für den Kühlschrank.

Stufe

Weltretterpunkte

Nebenwirkungen

Mit Köpfchen sparen

Prüfe heute unter der Dusche, wie viel Wasser aus dem Duschkopf fließt. Gerade wenn es ein älteres Modell ist, lohnt sich für dich ein Sparduschkopf, der bei gleichem Duschgefühl viel weniger Wasser durchlässt. Die Kosten hast du nach etwa einem Jahr durch eine niedrigere Heizkosten- und Wasserrechnung wieder drin.

Stufe

Weltretterpunkte

Nebenwirkungen

Spülen mit Stein

Wenn du einen Spülkasten mit Deckel hast, also keinen in die Wand eingebauten, kannst du mit einer einfachen Sofortmaßnahme das Volumen des Kastens verkleinern: Geh raus, such dir einen großen, sauberen Stein und versenke ihn. Ab sofort sparst du mit jedem Spülen Kosten für Wasser und Abwasser.

Stufe

Weltretterpunkte

Nebenwirkungen

Waschmaschine nur voll laufen lassen

Wäschewaschen ist mal wieder fällig? Doch halt! Bevor du die Maschine anschmeißt, schaust du heute nach, ob du wirklich genug Wäsche beisammen hast, um die Trommel gut zu füllen. Wenn nicht – einfach noch ein bisschen warten. Zwei halbvolle Maschinen verbrauchen viel mehr Strom und Wasser als eine volle.

Stufe

Weltretterpunkte

Nebenwirkungen

Alles muss raus!

Heute ist ein guter Tag für eine radikale Räumungsaktion in deiner Tiefkühltruhe bzw. in deinem Kühlfach. Du solltest sie etwa zweimal im Jahr abtauen, denn angesammeltes Eis, das mitgekühlt wird, verbraucht zusätzlichen Strom. Erstaunlich, wie viel Platz hinterher wieder ist!

Die Lebensmittel kannst du übrigens prima in einer Kühltasche zwischenlagern: Kühlakku rein, Deckel drauf – das sollte genügen!

Stufe

Weltretterpunkte

Nebenwirkungen

Waschmittel gut dosieren

Die Dosierempfehlungen vieler Waschmittelhersteller sind tendenziell zu hoch. Wie viel du wirklich brauchst, hängt vom Härtegrad deines Wassers (je härter, desto mehr), vom Fassungsvermögen deiner Waschmaschine und vom Verschmutzungsgrad deiner Wäsche ab. Den Härtegrad erfährst du auf der Homepage der zuständigen Stadtwerke.

Mehr hilft nicht mehr – das leert nur deinen Geldbeutel, du hast Waschmittelrückstände in den Klamotten und belastest die Umwelt mit verseiftem Abwasser.

Stufe

Weltretterpunkte

Nebenwirkungen

Wärmedämmung

Keine Frage, das kostet richtig Geld und ist nur was für Eigentümer: Lass die Wärmedämmung deines Hauses/deiner Wohnung prüfen und gegebenenfalls vom Fachmann verbessern! Kurzfristig bedeutet das Investitionen, aber langfristig spart es richtig Geld, weil die Heizkosten sinken.

Du musst die Kosten übrigens nicht vollständig alleine übernehmen: Es gibt staatliche Förderprogramme, die deine Investitionen etwas unterstützen, zum Beispiel von der KfW: www.kfw.de → Privatperson → Bestandsimmobilie

Stufe

Weltretterpunkte

Nebenwirkungen

Neue Erde

Wenn du im Garten eine Ecke frei hast, dann lege dort dieses Wochenende einen eigenen Komposthaufen an. Dadurch muss weniger Biomüll abtransportiert werden und du kannst deinen Garten mit bestem hausgemachten Humus versorgen. Außerdem fördert ein Komposthaufen die Artenvielfalt in deinem Garten. Tipps zum Bau findest du online oder beim freundlichen Baumarkt-Mitarbeiter deiner Wahl.

Eine Anleitung zum Download bietet zum Beispiel der BUND Schleswig-Holstein: www.bund-sh.de → Infoservice → Downloads → Kompost.pdf

Stufe

Weltretterpunkte

Nebenwirkungen

Heizkörpernischendämmung

Unter dem Fenster, also genau da, wo normalerweise die Heizung steht, ist die Hauswand meistens sehr dünn. Prüfe heute mit der Hand, ob die Wand an dieser Stelle besonders kalt ist. Ist das der Fall, gehen hier bis zu 4 % der Heizungswärme verloren. Wenn es deine optischen Ansprüche zulassen, kannst du Abhilfe schaffen, indem du eine 5 Millimeter dicke alu-kaschierte Styroporplatte an die Wand klebst.

Sollte dir die Silberwand hinter der Heizung zu auffällig sein, probiere es mit einer nicht-kaschierten Styroporplatte. Bringt allerdings weniger.

Stufe

Weltretterpunkte

Nebenwirkungen

Zieht's?

Ist es heute draußen richtig kalt? Dann prüfe, ob du um irgendein Fenster herum einen kühlen Luftzug spürst. Wenn es irgendwo zieht, dann verheizt du an dieser Stelle dein Geld. Fahre deshalb diese Woche zum Baumarkt, kauf die entsprechenden Meter Gummidichtung (vom gleichen Typ wie bereits eingebaut – einfach ein Stück der alten mitnehmen), reiß die alte Dichtung raus und klebe die neue in den Rahmen.

Stufe

Weltretterpunkte

Nebenwirkungen

A+++-Check

Heute ist der A+++-Check dran: Welche Energieeffizienz-Klasse haben deine Waschmaschine und dein Kühlschrank? Mindestens A+ sollte drin sein, besser ist natürlich A++ oder A+++.

Bei Geräten, die älter als 15 Jahre sind, lohnt sich der Austausch SOFORT: Ein neues Gerät spart jährlich mehr als 100 Euro Stromkosten. Bei anderen Geräten hilft der Blick auf den Verbrauch: In der Effizienzklasse A+++ verbraucht eine gute Kühl-Gefrierkombination mit etwa 190 Liter Inhalt (reicht für einen Drei-Personen-Haushalt) etwa 140−150 Kilowattstunden pro Jahr (das sind etwa 45 Euro Stromkosten im Jahr). Und, was kostet dich dein Gerät?

Stufe

Weltretterpunkte

Nebenwirkungen

Heizung modernisieren

Heute solltest du deiner Heizungsanlage einmal auf den Zahn fühlen. Kontaktiere dazu eine Heizungsfachkraft oder deinen Energieversorger. Die liefern dir per Heizungs-Check Tipps, wie du deine Heizung sofort ökologischer (und kostensparender) nutzen kannst, bieten aber auch Tipps zur Modernisierung bzw. zum Austausch. In vielen Fällen gibt es hier sogar staatliche Fördermittel. Starten kannst du zum Beispiel hier:

www.energiesparen-im-haushalt.de → Bauen und Modernisieren
→ Heizung modernisieren

Oder du suchst eine Heizungsfachkraft in deiner Nähe unter:
www.heizungsfachleute.de

Stufe

Weltretterpunkte

Nebenwirkungen

 # Mobilität

Klimaanlage aus

Wenn du dich heute ins Auto setzt, dann lass die Klimaanlage aus. Denn selbst, wenn du sparsam fährst – die Klimaanlage verbraucht extra Sprit und pustet damit CO_2 in die Luft. Die gute alte Lüftung ist da deutlich sparsamer und hilft bei Temperaturen unter 25 Grad genauso gut. Die Fenster aufzumachen, ist bei niedriger Geschwindigkeit eine gute Alternative, auf der Autobahn erhöht das den Luftwiderstand allerdings stark – und damit auch den Treibstoffverbrauch.

Stufe

Weltretterpunkte

Nebenwirkungen

Treppe statt Fahrstuhl

Wenn du nicht gerade im elften Stock arbeitest oder wohnst, ist Treppensteigen das perfekte Mini-Workout für heute: Die Treppe braucht keinen Strom, kann nicht steckenbleiben und die Luft ist hier auch meist besser. Tägliches Treppensteigen bringt dich in Bewegung und ist gut für den Rücken und einen straffen Hintern.

Stufe

Weltretterpunkte

Nebenwirkungen

Faul im Aufzug stehen und frustriert deinen schlaffen Körper im Spiegel beglotzen? Schluss damit! Nimm die Treppe und stell dir vor, wie du jedes Mal ein bisschen besser dabei aussiehst.

Niedertourig fahren

Die heutigen Motoren laufen bei 1.500 bis 2.500 Umdrehungen pro Minute am umweltfreundlichsten. Schalte heute mal konsequent nach folgender Faustregel: Nimm ab 30 km/h den dritten Gang, ab 40 km/h den vierten Gang und ab 50 km/h den fünften Gang.

Nachdem du dieses erste Training erfolgreich absolviert hast, solltest du in den kommenden Tagen daran arbeiten, dir das niedertourige Fahren zur Gewohnheit zu machen.

Stufe

Weltretterpunkte

Nebenwirkungen

Konstant statt geschüttelt

Heute ist gelassenes Fahren angesagt! Wer mit konstanter Geschwindigkeit fährt, statt häufig zu beschleunigen, um dann beim nächsten Hindernis wieder scharf bremsen zu müssen, erspart sich und seinen Mitfahrern nicht nur sinnloses Rumgeschüttel, sondern kommt auch entspannter ans Ziel und spart natürlich Sprit und damit CO_2. Einen Versuch ist's wert!

Stufe

Weltretterpunkte

Nebenwirkungen

Kauf dir Regenkleidung fürs Radfahren

Mit einem guten Regencape gibt es bei kürzeren Strecken gar keine Ausrede, das Fahrrad lieber stehen zu lassen. Also nutze die Mittagspause oder den Einkaufsbummel am Wochenende, um dir – ganz nach deinem Geschmack – ein Cape oder einen Zweiteiler zu besorgen.

Damit kommst du trocken ans Ziel und das Radfahren im Regen ist gar nicht mehr so schlimm.

Schönwetterradler sind die Mitläufer unter den Weltrettern! Zieh dir was Regensicheres an und steig auf dein Rad! Nicht mal meine zweijährige Tochter heult, wenn sie ein bisschen Wasser ins Gesicht bekommt!

Stufe

Weltretterpunkte

Nebenwirkungen

Ein bisschen Dreck schadet nicht!

Diese Übung ist perfekt für alle, die sich schwertun, ihren inneren Schweinehund zu überwinden. Hilf der Umwelt, indem du nichts tust – nämlich dein Auto ganz einfach nicht wäschst! Das Spiegeln und Glänzen nach der Waschanlage hält meistens eh nur bis zur nächsten großen Pfütze und ist mit viel CO_2-Ausstoß erkauft. Warte einfach bis zum nächsten Regen. Klar, im Frühjahr kann man schon mal die Salzreste vom Winter abwaschen, aber sonst: Lass es einfach sein!

Stufe

Weltretterpunkte

Nebenwirkungen

Verbinde deine Wege

Auf dem Weg zum Yoga, zum Klavierunterricht oder zum Anwalt kommst du an einem Supermarkt vorbei? Wer Wege clever plant und seine Termine aufeinander abstimmt, kann unnötige Strecken vermeiden und Umwelt-Pluspunkte sammeln. Das spart nicht nur Energie, sondern auch Zeit. Also bei den Terminen des Tages überlegen: Was kann ich davor oder danach in der Nähe noch erledigen?

Stufe

Weltretterpunkte

Nebenwirkungen

Aufwärmprogramm mit dem Rad

Bist du fest entschlossen, heute mal wieder dem Fitnessstudio einen Besuch abzustatten? Wenn du mit dem Fahrrad hinfährst, sparst du automatisch Zeit, denn das öde Aufwärmen auf dem Stepper, dem Laufband oder dem Standrad fällt weg und du kannst direkt loslegen. Dein Workout wird also kürzer und effektiver!

Stufe

Weltretterpunkte

Nebenwirkungen

Prüf den Reifendruck

Bist du heute mit dem Auto unterwegs? Dann mach an einer Tankstelle halt und prüfe den Druck deiner Reifen. Es darf ruhig etwas mehr sein: 0,2 bar über dem empfohlenen Wert sind kein Problem für die Reifen, sparen aber Sprit und CO_2!

Stufe

Weltretterpunkte

Nebenwirkungen

Bring dein Fahrrad zur Inspektion

Mit einem frisch durchgecheckten Rad, das wie am Schnürchen läuft, macht das Radfahren doch gleich viel mehr Spaß. Außerdem bist du wieder sicherer unterwegs, wenn vom Licht bis zur Bremse wirklich alles am Fahrrad funktioniert.

Also auf in den nächsten Fahrradladen zur Inspektion! Oder legst du lieber selber Hand an?

Stufe

Weltretterpunkte

Nebenwirkungen

Runter mit der Deko

Wirf heute einen kritischen Blick auf deine Karre: Verzierungen wie die besonders zu WM- und EM-Zeiten beliebten Fähnchen oder Wimpel hemmen leider die von den Autobauern in mühevoller Kleinstarbeit optimierte Windschnittigkeit deines Wagens. Also trenn dich von solch überflüssigem Ballast und spare mit dieser einfachen Maßnahme Sprit und CO_2.

Und mal ehrlich: Die wahren Fans tragen ihre Leidenschaft sowieso im Herzen und nicht am Auto.

Stufe

Weltretterpunkte

Nebenwirkungen

Beim Warten Motor aus

An der Bahnschranke, bei der morgendlichen Ampel, die gefühlt 10 Minuten rot ist … immer wieder muss man ewig mit seinem Auto herumstehen. Wenn du mit deinem Auto länger als zehn Sekunden warten musst, lohnt es sich, den Motor auszumachen. Das spart Sprit und du kannst in der Wartezeit ohne störendes Motorengeräusch den Songs aus dem Radio lauschen. Start-Stopp-Automatik-Besitzer sind hier natürlich klar im Vorteil.

Dreh den Zündschlüssel – oder hast du Handgelenks-Arthrose!?

Überleg also mal: Wo auf deinen täglichen Strecken solltest du den Motor ausschalten?

Stufe

Weltretterpunkte

Nebenwirkungen

Öffentliche Verkehrsmittel

Okay, deine Arbeitsstelle liegt in der nächstgrößeren Stadt und deine Freunde am anderen Ende der Republik kannst du auch nicht ohne größeren Zeit- und Kraftaufwand mit dem Fahrrad besuchen. Das heißt aber nicht automatisch, dass du hier unabdingbar auf dein Auto angewiesen bist.

Probier mal häufiger die Öffentlichen aus. Die kommen meist problemlos durch den morgendlichen Stau und du kannst dich einfach zurücklehnen, etwas lesen oder noch mal die Augen zumachen. Du kommst entspannter am Ziel an als nach einer Autofahrt und hast dabei auch noch was für deine persönliche Ökobilanz getan. Gleich heute geht's los!

Stufe

Weltretterpunkte

Nebenwirkungen

Winterreifen runter!

Es ist Juni und du kurvst immer noch auf Winterreifen durch die Gegend? Was glaubst du eigentlich, warum die Dinger „WINTER-Reifen" heißen? Jetzt aber runter damit!

Schreib dir heute einen Termin in deinen Kalender, an dem du die Winterreifen spätestens wieder abmontierst. Wenn du lange auf ihnen fährst, ohne dass du sie benötigst, zahlst du nur drauf. Denn das Fahren mit Winterreifen kostet mehr Sprit und sie nutzen sich schneller ab, wenn du auch im Frühjahr und Sommer damit fährst. Du brauchst also früher neue Reifen – und auch das geht wieder ins Geld.

Nutze deine Winterreifen also wirklich nur in den frostgefährdeten und winterlichen Monaten.

Stufe

Weltretterpunkte

Nebenwirkungen

Kleine Strecken zu Fuß gehen

Die 500 Meter zum Bäcker sind nun wirklich kein Argument, irgendeinen Motor anzuwerfen! Du verbrauchst unnötig Sprit und der Kaltstart setzt dem Motor zu, weil der auf der Mini-Strecke gar nicht richtig warmlaufen kann. Und sei mal ehrlich: Eigentlich geht es dir auch gar nicht um die Zeitersparnis (die ist bei solchen Mini-Strecken ohnehin nicht groß), sondern um Bequemlichkeit.

Also überwinde deinen inneren Schweinehund! Wenn du dir angewöhnst, kleine Strecken zu Fuß zu bewältigen, schonst du nicht nur Umwelt und Geldbeutel, sondern tankst gleichzeitig Sauerstoff und Sonne.

Stufe

Weltretterpunkte

Nebenwirkungen

CO$_2$-Ausstoß vergleichen

Heute triffst du mal eine Urlaubsvorbereitung der anderen Art: Finde heraus, was nun wirklich die umweltfreundlichste Variante ist, um auf längeren Strecken von A nach B zu kommen:

Mit etwas anderen Routenplanern, z. B. unter www.ecopassenger.org, kannst du den Energieverbrauch, die CO$_2$- und Luftschadstoffemissionen für Flugzeuge, Autos und Züge im europäischen Personenverkehr vergleichen. Kaum verwunderlich, dass das Flugzeug bei diesem Vergleich meist nicht gut wegkommt.

Stufe

Weltretterpunkte

Nebenwirkungen

Informier dich über Elektromobilität

Weltweit sind Elektro- und Hybridautos im Kommen – Zeit, dass du dich mal etwas genauer darüber informierst:

Auf der Seite von **Dekra** wird die Alltagstauglichkeit von E-Autos untersucht: www.dekra-elektromobilitaet.de → Elektromobilität im Alltag

Der **VCD** ermittelt für dich, welches Auto zu dir passt: www.besser-autokaufen.de

Und die **AEE** liefert allgemeine Infos über Elektromobilität: www.unendlich-viel-energie.de → Themen → Verkehr → Elektromobilität

Stufe

Weltretterpunkte

Nebenwirkungen

Teste ein E-Bike

Benutzt du dein Auto oft für Kurzstrecken, weil sie doch ein bisschen zu weit zum Radfahren sind? Oder weil du nicht verschwitzt im Büro ankommen willst? Dann ist vielleicht ein E-Bike eine Alternative für dich.

Geh heute in einen Fahrradladen und dreh eine Proberunde mit einem Modell deiner Wahl. Mit dem E-Bike sparst du Benzinkosten, vermeidest Im-Stau-Stehen und die lästige Parkplatzsuche.

Stufe

Weltretterpunkte

Nebenwirkungen

Besuch deine Freunde mal wieder

Heute ist der Tag, an dem du deinen nächsten Wochenend-Kurztrip planst: Besuch doch mal wieder Freunde oder Verwandte – zur Abwechslung aber nicht mit dem Auto, sondern mit dem Fernbus. Das ist nicht nur deutlich umweltfreundlicher, sondern auch richtig günstig.

Neben MeinFernbus und Flixbus existieren jede Menge weiterer Anbieter, die dich fast überall hinbringen.

Stufe

Weltretterpunkte

Nebenwirkungen

Kauf dir bequeme Schuhe

Endlich mal wieder ein triftiger Grund, Shoppen zu gehen! Denn mit bequemem Schuhwerk an den Füßen machen kleine und größere Spaziergänge gleich doppelt so viel Spaß und du hältst viel länger durch, ohne dass deine Füße zu qualmen beginnen.

Also such dir ein Paar aus, mit dem du wie auf den sprichwörtlichen Wolken läufst! Das macht den Auto- oder Busverzicht auf der Kurzstrecke noch viel leichter.

Stufe

Weltretterpunkte

Nebenwirkungen

Plane deinen nächsten Urlaub – ohne Flieger

Juhu, heute geht's an die Urlaubsplanung! Ans Mittelmeer? Nach Norwegen? Oder ein Kurztrip nach Rom? Und schon erwischst du dich dabei, im Internet nach besonders günstigen Flügen zu suchen. Leider ist Fliegen wirklich Gift für die Umwelt. Beim Fliegen wird von allen Fortbewegungsarten mit Abstand am meisten CO_2 in die Luft geblasen.

Plane deinen nächsten Urlaub mal ohne Flieger! Ans Mittelmeer, nach London oder nach Rom kommst du auch mit dem Bus, dem Zug oder dem Auto. Das ist deutlich umweltfreundlicher und du brauchst dafür nicht mal viel länger. Nach Norwegen bietet sich eine Fahrt mit der Fähre an – dann beginnt der Urlaub sogar schon unterwegs.

Stufe

Weltretterpunkte

Nebenwirkungen

Kauf dir eine Monatskarte

Eigentlich könntest du schon öfter mit der Straßenbahn oder dem Regionalzug fahren. Aber jedes Mal extra eine Fahrkarte kaufen, ist dann doch zu nervig? Ins Auto musst du einfach nur einsteigen ...

Das kannst du auch bei den Öffentlichen haben, indem du dir für diesen Monat eine Monatskarte zulegst. So oft fahren, wie du willst, ohne Stress zurücklehnen und das Auto einfach stehen lassen. Probier's doch mal aus!

Stufe

Weltretterpunkte

Nebenwirkungen

Organisiere eine Fahrgemeinschaft

Wenn es schon das Auto sein muss, dann setz dich heute nicht alleine rein, sondern nimm noch andere mit. So nutzt du dein Auto gleich viel effektiver, denn geteilter CO_2-Ausstoß ist halber CO_2-Ausstoß.

Also überlege, wen du auf dem Weg ins Kino, in die Therme, zum Konzert oder zur Arbeit mitnimmst oder bei wem du vielleicht mitfahren kannst.

Stufe

Weltretterpunkte

Nebenwirkungen

Mach am Wochenende eine Radtour

Trommel deine Familie oder deine Freunde zusammen und macht am Wochenende mal wieder zusammen eine Radtour. Die Tour ins Grüne – vielleicht sogar mit Picknick in der Natur – bringt dich raus aus dem Alltagstrott, kostet nix und macht dem Klima keinen Ärger.

Stufe

Weltretterpunkte

Nebenwirkungen

Gepäck-/Fahrradträger runter!

Hand aufs Herz: Wie lange ist dein letzter Urlaub eigentlich her? Der Gepäck- oder Fahrradträger ist aber immer noch montiert? Damit bist du nicht alleine, aber es wird höchste Zeit, das Ding abzuschrauben. Deine Bequemlichkeit zahlst du nämlich bei jeder Tankfüllung mit barem Geld und mit unnötig verpuffter Energie.

Stufe

Weltretterpunkte

Nebenwirkungen

Autofreier Sonntag

Am Wochenende hat dein Auto ab sofort frei! Versuche zumindest einen Tag am Wochenende ganz ohne Auto auszukommen und deine Wege zu Fuß, mit dem Fahrrad oder mit öffentlichen Verkehrsmitteln zurückzulegen. Lass dich überraschen, wie entspannt ein Sonntag ohne die Aufreger hinterm Steuer sein kann.

Stufe

Weltretterpunkte

Nebenwirkungen

Dein persönliches Tempolimit

Deutsche Autobahnen sind ein Paradies für alle Bleifüße dieser Erde. Doch je schneller du unterwegs bist, desto mehr Leistung muss der Motor bringen und das treibt den Spritverbrauch in die Höhe. Schneller als 130 km/h kann man über längere Zeit und ohne Hindernisse sowieso selten fahren. Also hilft dir dein persönliches Tempolimit auch dabei, deine Geschwindigkeit möglichst konstant zu halten und unnötiges Bremsen und Beschleunigen zu vermeiden.

Auch mit 130 Sachen kommst du schnell ans Ziel. Vielleicht dauert es einen Tick länger, aber dafür kommst du sicherer und entspannter an als mit Bleifuß auf der linken Spur.

Stufe

Weltretterpunkte

Nebenwirkungen

Abspecken!

Wenn du gerne Müllabfuhr spielen willst, dann mach das zu Hause im Kinderzimmer und nicht im Auto.

Also: Räum das überflüssige Zeug aus dem Auto und gut ist.

Manchmal ist weniger wirklich mehr: Der leere Wasserkasten, den du seit Wochen im Kofferraum spazieren fährst, das Altglas, das sich auf dem Rücksitz stapelt oder die Campingausrüstung vom letzten Urlaub müssen wirklich nicht zu deinen ständigen Begleitern gehören.

Also entrümple dein Auto, schmeiß alles Unnötige raus und reduziere damit Gewicht. Die Rechnung ist einfach: Je weniger dein Auto wiegt, desto weniger Sprit verbraucht es und desto weniger CO_2 bläst dein Auspuff in die Luft.

Stufe

Weltretterpunkte

Nebenwirkungen

Fahre vorausschauend

Wer vorausschauend fährt, fährt nicht nur aufmerksamer und erkennt Gefahren und Hindernisse früher als andere, er ist auch seltener in Unfälle verwickelt. Durch einen genügend großen Sicherheitsabstand vermeidest du Vollbremsungen und kannst dein Auto lässig vor der roten Ampel ausrollen lassen, statt scharf zu bremsen. Probier das heute mal – vorausschauendes Fahren spart nämlich auch Sprit und schont dadurch die Umwelt.

Stufe

Weltretterpunkte

Nebenwirkungen

Autos teilen

Eigentlich steht dein Auto sowieso die meiste Zeit vor der Tür und du benutzt es nur für den Großeinkauf am Wochenende, die Fahrt ins Möbelhaus oder den längst überfälligen Besuch bei den Eltern? Wenn du weniger als 10.000 Kilometer pro Jahr fährst, lohnt sich ein eigenes Auto gar nicht.

Probier doch stattdessen diese Woche mal Carsharing aus. Das ist viel günstiger als ein eigenes Auto und du musst dich nicht länger um die lästigen Dinge wie Versicherung, Reparaturen, Stellplatz usw. kümmern, sondern kannst einfach nur die Vorzüge des Autofahrens genießen.

Stufe

Weltretterpunkte

Nebenwirkungen

Zu aufwendig, zu kompliziert, zu anstrengend? JETZT REISS DICH MAL ZUSAMMEN! Das kannst du alles bequem vom Sofa aus online vorbereiten. Und die paar Meter zum Carsharing-Wagen schafft sogar meine Oma mit Rollator!

Mach mal langsam

Probier heute mal aus, dich wirklich an alle Geschwindigkeitsbegrenzungen zu halten. Wer nicht schneller fährt als angegeben, riskiert nicht nur keinen teuren Strafzettel, sondern ist auch sicherer und spritsparender unterwegs.

Außerdem kannst du so mit größerer Wahrscheinlichkeit in einer konstanten Geschwindigkeit fahren und musst nach dem Beschleunigen nicht ständig wieder abbremsen.

Stufe

Weltretterpunkte

Nebenwirkungen

Kompensiere deinen CO_2-Ausstoß!

Du kannst auf regelmäßiges Autofahren oder sogar Fliegen aus lebenswichtigen Gründen nicht verzichten? Okay, bevor nun alle „Umweltsau!" rufen – es gibt noch eine indirekte Möglichkeit, etwas fürs Klima und gegen das schlechte Gewissen zu tun. Du kannst deinen CO_2-Ausstoß kompensieren und Umwelt- oder Klimaprojekte unterstützen. Das ist übrigens viel billiger, als du vielleicht denkst!

Angst vorm Fliegen? Sehr gut! Geht dem Klima genauso.

Die besten Anbieter laut Verbraucherschutzzentrale sind atmosfair.de, myclimate.org und goclimate.de

Stufe

Weltretterpunkte

Nebenwirkungen

Heute ist Fahrradtag

Heute bleibt das Auto stehen. Denn du setzt deinen Fahrradhelm auf und schwingst dich aufs Rad. Alle Strecken bis zu 10 km werden heute auf jeden Fall in die Pedale tretend zurückgelegt. Der Weg zur Arbeit, zum Einkaufen oder in die Kneipe ist meist ohnehin viel kürzer.

Wenn du einmal die Woche einen kompletten Fahrradtag einlegst, hast du außerdem dein Fitnessprogramm für den Tag ganz nebenbei erledigt. So musst du nicht extra nach Feierabend die Joggingschuhe schnüren oder im Fitnessstudio schwitzen, sondern kannst dich einfach zurücklehnen und entspannen, während die anderen sich noch mit ihrem Workout quälen.

Stufe

Weltretterpunkte

Nebenwirkungen

Streiche eine unnötige Geschäftsreise

Für eine Geschäftsreise jettest du mit dem Flieger schnell mal nach London, Paris oder Berlin? Überlege dir, ob alle deine Geschäftsreisen wirklich nötig und zielführend sind oder ob du die ein oder andere Angelegenheit nicht auch in einer Telefon- oder Skype-Konferenz klären könntest.

Streiche eine verzichtbare Geschäftsreise von deiner Agenda und genieße, wie gut es sich anfühlt, zur Abwechslung mal mit weniger Aufwand mehr zu erreichen.

Stufe

Weltretterpunkte

Nebenwirkungen

Kaufe ein Elektroauto

Das gibt natürlich nur Sinn, wenn du sowieso planst, ein Auto zu kaufen. Wenn du keins brauchst, brauchst du auch kein Elektroauto. Aber wenn du mit dem Gedanken spielst, dir ein neues Auto anzuschaffen, informiere dich auf jeden Fall über die umweltfreundlichste Variante. Es gibt z. B. auch immer mehr Hybrid-Varianten, die zumindest den Stadtverkehr rein elektrisch bestreiten.

Und wenn es für die Anschaffung eines Elektroautos nicht reicht, dann ist vielleicht wenigstens eine Probefahrt drin! So als kleiner Appetithappen für eine bessere Zukunft im Individualverkehr.

Stufe

Weltretterpunkte

Nebenwirkungen

Viel zu viel Aufwand? Schluss mit dem Gejammer!

Der Verkehrsclub Deutschland stellt jedes Jahr alle aktuell verfügbaren Elektro-Modelle in der VCD-Elektroauto-Liste und den konventionellen Rest in der VCD-Auto-Umweltliste zusammen. Inklusive Umweltbewertung und Preisvergleich.

LIES DAS! www.vcd.org

Mach einen Spritsparkurs

Die wahrhafte innere Größe eines Menschen zeigt sich darin, ob er sich beim Autofahren reinreden lässt oder nicht. Und genau diese Größe gilt es jetzt zu demonstrieren: Melde dich zu einem Spritsparkurs an und lass dir zeigen, wie umweltfreundliches Fahren geht. Mit dieser einmaligen Investition kannst du dauerhaft deine Spritkosten senken. Spritsparkurse werden von Fahrschulen und vom ADAC angeboten.

Übrigens: Ein umweltfreundlicher Fahrstil steigert die Gelassenheit und senkt gleichzeitig das Unfallrisiko.

Stufe

Weltretterpunkte

Nebenwirkungen

Autofreie Woche

Ist ein Leben ohne Auto eigentlich möglich? Mach – statt über diese Frage nur lahm zu diskutieren – den knallharten Real-Life-Test und starte heute deine persönliche autofreie Woche! Ein Mix aus öffentlichen Verkehrsmitteln, Fahrrad und zu Fuß gehen ist gesünder, garantiert billiger und gut für die Umwelt. Und für Wege mit mehr Ballast kannst du dir einen Fahrradanhänger leihen.

Nach einer Woche kannst du dann ein Resümee ziehen: Ist dir die autofreie Woche leichtgefallen? Wenn ja, bist du bereit für den nächsten Schritt:

Stufe

Weltretterpunkte

Nebenwirkungen

Verkaufe dein Auto

Das geht doch gar nicht?!? Mit etwas Planung schon: Schreib einmal alle deine Alltagsstrecken auf und überlege, mit welchem Verkehrsmittel du sie bestreiten könntest. Ausnahmen solltest du dabei bewusst weglassen – wie den Großeinkauf einmal im Monat oder die Fahrt zum Möbelhaus oder in den Urlaub. Sind Strecken dabei, die nur mit dem Auto zu machen sind? Nein? Dann kannst du dein Auto getrost verkaufen.

Und vom Erlös deines verkauften Autos kannst du nächstes Jahr – oder die nächsten Jahre – in den Urlaub fahren. Zum Beispiel mit dem Nachtzug nach Rom und direkt auf der Piazza di Spagna frühstücken! Die Fahrt zum Möbelhaus kannst du dann immer noch mit einem Carsharing-Auto zurücklegen.

Stufe

Weltretterpunkte

Nebenwirkungen

Willst du wirklich behaupten, du könntest ohne Auto nicht leben? Du bist wohl aus dem Holz geschnitzt, aus dem man Waschlappen macht!

Die Menschheit hat das 200.000 Jahre problemlos geschafft, also stell dich nicht so an!

Kaufe einen Gebraucht-PKW

Planst du, dir ein Auto anzuschaffen? Dann greif zu einem Gebrauchtwagen. Klar, du solltest natürlich darauf achten, dass er wenig verbraucht und vernünftige Abgaswerte hat, aber eins ist schon mal sicher: Du sparst auf alle Fälle die CO_2-Emissionen, die bei der Herstellung eines Neuwagens anfallen würden.

Bei Second-Hand-Autos gibt es übrigens auch eine große Auswahl an Hybridmodellen. In den einschlägigen Onlineportalen für Gebrauchtwagen kannst du explizit danach suchen.

Stufe

Weltretterpunkte

Nebenwirkungen

 # Ernährung

Frisch gepresster Orangensaft

Über 90 % des in Deutschland konsumierten Orangensafts kommen ursprünglich aus Brasilien. Deswegen greifst du heute nicht zur Packung, sondern presst dir den Saft zum Frühstück mal selbst – aus erntefrischen spanischen Orangen. Das erspart der Umwelt eine Menge CO_2-Ausstoß beim Transport, schützt den Regenwald und schmeckt ohnehin wesentlich besser.

Stufe

Weltretterpunkte

Nebenwirkungen

Eier-Code dechiffrieren

Hast du dir schon mal genau angeschaut, was auf die Eier in deinem Kühlschrank aufgedruckt ist? Da steht sowas wie 0-DE-3365732. Informiere dich heute mal darüber: Was bedeutet der Code auf dem Ei und was steckt dahinter?

Das geht z. B. auf: www.was-steht-auf-dem-ei.de Dort kannst du in einer Suchmaske die Nummer auf deinem Ei eingeben und so ganz genau herausfinden, aus welchem Betrieb deine Eier kommen!

Stufe

Weltretterpunkte

Nebenwirkungen

Leitungswasser trinken

Was trinkst du denn so den ganzen Tag über? Wasser aus Plastikflaschen oder Saft aus dem Getränkekarton? Um deinen Rücken und die Umwelt gleichermaßen zu schonen, verzichte heute mal darauf und trink einfach nur Leitungswasser.

Du hast Angst vor deinem Wasserhahn? Deine Therapie beginnt jetzt!

Das unterliegt oft strengeren Kontrollen als diverse Mineralwässerchen aus der Flasche und löscht den Durst genauso gut.

Stufe

Weltretterpunkte

Nebenwirkungen

Mehr wert: Mehrweg

Achte beim Getränkekauf heute darauf, dass du nur Mehrwegflaschen (aus Glas oder härterem Plastik) in den Einkaufswagen packst. Die werden gut gespült wiederverwertet und verursachen somit viel weniger Müll als PET-Flaschen.

PET-Flaschen (egal ob mit oder ohne Pfand) werden nämlich zu 90 % nach einmaligem Gebrauch eingeschmolzen und das Plastik ist nicht immer wiederverwertbar.

Stufe

Weltretterpunkte

Nebenwirkungen

Ein Glas Bier oder Wein aus der Region

Wenn du dir gerne mal ein Glas Wein oder ein Bierchen am Abend genehmigst, dann achte heute doch mal darauf, dass es aus deiner Region kommt. Denn bestimmt gibt es irgendwo in deiner Nähe ein paar Weinberge oder eine Brauerei. Das Getränk deiner Wahl hat dann keine weiten Wege zurückgelegt und damit weniger CO_2 auf dem Buckel.

Stufe

Weltretterpunkte

Nebenwirkungen

Saisonkalender für Obst und Gemüse

Heute besorgst du dir einen Kalender der etwas anderen Art – einen Saisonkalender. Wirf auch gleich mal einen Blick rein: Welches Obst und Gemüse wächst gerade in deiner Gegend auf dem Feld? Machst du den Saisonkalender zu deinem Einkaufsratgeber, kannst du viele unnötige Emissionen verhindern.

Saisonkalender gibt es von ganz vielen verschiedenen Anbietern online, zum Ausdrucken oder als App in deinem App-Store. Natürlich findest du auch ein paar Adressen bei unseren Surftipps für Weltretter auf Seite 143.

Stufe

Weltretterpunkte

Nebenwirkungen

Du glaubst ernsthaft, dass Erdbeeren im Dezember Saison haben? Du denkst wohl auch, dass Kühe lila sind?!

Wasser im Wasserkocher vorkochen

Für sämtliches Wasser, das du zum Kochen bringen willst, gilt heute: Erst mal in den Wasserkocher! Bei Mengen bis zu einer Wasserkocherfüllung spart das gegenüber dem Erhitzen im kalten Topf auf der Herdplatte Energie – und die Nudeln werden sogar noch schneller fertig.

Stufe

Weltretterpunkte

Nebenwirkungen

3 vegetarische Lieblingsrezepte finden!

„Zu einer richtigen Mahlzeit gehört einfach Fleisch." Denkst du auch so? Dann ist deine heutige Aufgabe folgende: Schau dich mal in einem der vielen Kochportale im Netz um und suche nach vegetarischen Rezepten. Such dir drei raus, die lecker klingen und auf die du mal so richtig Lust hättest. Und, wann wird gekocht?

Stufe

Weltretterpunkte

Nebenwirkungen

Vorräte vor dem Einkauf prüfen

Verschaff dir heute vor dem Einkauf erst mal einen Überblick: Was habe ich noch im Kühlschrank, was brauche ich wirklich? Das schont nicht nur deinen Geldbeutel, sondern auch die Umwelt. Für Technophile: Es gibt es natürlich auch Apps, die dir helfen, den Überblick zu bewahren (z. B. „Kühlschrank-Alarm").

Stufe

Weltretterpunkte

Nebenwirkungen

Kartoffeltag

Heute kochst du einfach mal Kartoffeln (natürlich aus der Region) statt Reis oder Nudeln. Unter den Grundnahrungsmitteln haben sie die beste CO_2- und Wasser-Bilanz in der Herstellung.

Blasse Salzkartoffeln und pappiger Kartoffelbrei sind dein Kindheitstrauma? Dann wird's Zeit das zu überwinden! Keine Beilage ist so variabel wie die Kartoffel.

 Stufe

 Weltretterpunkte

 Nebenwirkungen

Bento für alle

Wenn du bisher zu den Brotbox-Verächtern gehört hast, dann probier es doch mal mit Bento. Ist im Prinzip das Gleiche, nur dass das Essen aussieht wie die Mumins oder Hello Kitty.

Nein, das muss natürlich nicht sein, eigentlich geht es nur darum, dass du dein Essen nicht in Alu- oder Plastikfolie verpackst, sondern eine Dose nimmst. Die japanischen Lunchboxen sind nicht nur schick und im Trend, sie sorgen auch für weniger Verpackungsmüll! Also kauf dir noch heute eine wiederverwendbare Bento-Box, verpacke darin dein Butterbrot, deinen Pausensnack oder dein Lunchpaket und vermeide so in Zukunft unnötige Abfälle.

 Stufe

 Weltretterpunkte

 Nebenwirkungen

3 x bio

Achte beim heutigen Einkauf mal bewusst auf Bio-Produkte. Die Auswahl ist groß, denn selbst im normalen Supermarkt gibt es zu allen herkömmlichen Lebensmitteln mindestens eine Bio-Alternative. Und die lohnt sich: Du stärkst die ökologische Landwirtschaft, tust etwas für die Artenvielfalt, den Boden und das Klima. Ersetze heute also einfach mal drei Produkte in deinem Einkaufskorb durch die Bio-Alternative.

Stufe

Weltretterpunkte

Nebenwirkungen

Bio-Kaffee trinken

Klar, bei uns zu Hause wächst er nun einmal nicht, der Kaffee. Darauf verzichten? Das wäre echt viel verlangt! Aber du solltest heute bewusst mal ein Päckchen Bio-Kaffee kaufen. Hierbei wird in der Herstellung unter anderem auf künstlichen Dünger und chemische Pflanzenschutzmittel verzichtet. Den kleinen Aufpreis nimmt man da doch gerne hin.

Bist du heute in ultimativer Weltretter-Stimmung? Dann entscheide dich gleich für einen Kaffee, der auch noch fair gehandelt wird.

Stufe

Weltretterpunkte

Nebenwirkungen

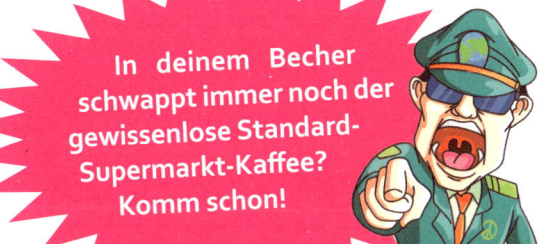

In deinem Becher schwappt immer noch der gewissenlose Standard-Supermarkt-Kaffee? Komm schon!

Thermobecher to go

Kaffee aus dem Pappbecher mit Plastikdeckel? Geht für viele schon aus Stil- oder Geschmacksgründen gar nicht. Und für die Umwelt ist das natürlich auch nicht der Hit. Besorge dir also noch heute einen Thermobecher. Den kannst du dir im Café oder am Kiosk einfach auffüllen lassen und deinen Koffeinschub für unterwegs stilvoll und mit gutem Gewissen genießen. Oft gibt es sogar einen kleinen Rabatt, wenn du deinen eigenen Becher mitbringst.

Stufe

Weltretterpunkte

Nebenwirkungen

Das Mindesthaltbarkeitsdatum

Miste heute doch mal deinen Kühlschrank aus: Welche Lebensmittel sind schon abgelaufen? Die Sahne, der Frischkäse oder das Tomatenmark? Schnell wegwerfen?! Nein, so leicht kommst du heute nicht davon! Jetzt testest du das abgelaufene Zeug erst einmal mit deinem Geruchs- und Geschmackssinn, denn in den meisten Fällen sind die Lebensmittel auch nach Ablauf des Mindesthaltbarkeitsdatums noch gut.

Besondere Vorsicht nur bei Fleisch und Fisch: Die sollten immer rasch und nicht nach Ablauf des Haltbarkeitsdatums verzehrt werden.

Stufe

Weltretterpunkte

Nebenwirkungen

MINDESThaltbarkeitsdatum! Glaubst du, die Lebensmittel besitzen eine Art Zeitzünder und werden um Punkt Mitternacht nach dem Mindesthaltbarkeitsdatum plötzlich schlecht?? Deine Gehirnwindungen haben ihr Mindesthaltbarkeitsdatum wohl längst überschritten!

Margarine statt Butter

Butter ist ein ganz fieser CO_2-Produzent. Pro Kilo Butter werden fast 25 kg CO_2 ausgestoßen, womit Butter in der Ökobilanz sogar noch schlechter als Fleisch- und Wurstwaren abschneidet.

Darum kaufst du dir heute einfach mal eine Packung Margarine und schmierst die aufs Brot. Achte dabei darauf, dass du eine Margarine aus Sonnenblumen- oder Rapsöl nimmst – bloß kein Palmöl, sonst hat die weiße Margarine-Weste nämlich einen dunklen Fleck!

Stufe

Weltretterpunkte

Nebenwirkungen

Ab in die Box

Ist mal wieder eine halbe Zwiebel übrig? Dann lagere sie am besten in einer kleinen Frischhaltebox im Kühlschrank. So findest du sie schnell wieder und magst sie vielleicht auch zwei Tage später noch zum Kochen verwenden.

Mach heute also mal Inventur in deiner Küche. Besitzt du Frischhalteboxen? Wenn nicht, dann besorg dir welche: Kostet nicht viel und spart dir in Zukunft viel Geld und Verpackungsmüll. Und wegschmeißen musst du auch weniger.

Stufe

Weltretterpunkte

Nebenwirkungen

Aufs Vorheizen verzichten

In fast allen Rezepten, bei denen du etwas in den Backofen schieben musst, ist vom Vorheizen die Rede. Dabei kann man so gut wie immer darauf verzichten.

Das Vorheizen kostet nur unnötig Energie und der Pizza oder dem Marmorkuchen ist es egal, bei welcher Temperatur sie in den Backofen geschoben werden. Verzichte also ab sofort aufs Vorheizen und nutze die Wärme des Ofens von Anfang an!

Stufe

Weltretterpunkte

Nebenwirkungen

Eine vegetarische Mahlzeit kochen

Heute wird mal komplett vegetarisch gekocht. Und zwar – wenn es geht – nicht gerade Nudeln mit Soße, das ist doch zu einfach. Vielleicht probierst du es mal mit Tofu oder einem leckeren Gemüse-Bratling?

Du wirst sehen: Vegetarisch kochen kann definitiv genauso spannend und fordernd sein wie das Kochen mit Fleisch. Inspirationen im Netz oder in Kochbüchern holen ist ausdrücklich erwünscht!

Stufe

Weltretterpunkte

Nebenwirkungen

Fleisch–Alternativen

Schau dich heute mal um: Was gibt es eigentlich für Alternativen zu Fleisch? Geh dazu entweder in den nächsten Bioladen oder schau dich online um, z. B. auf www.alles-vegetarisch.de. Du wirst überrascht sein, dass da nicht nur diverse Tofu-Würstchen auf dich warten, sondern auch Burger, Braten, Gyros und Geschnetzeltes aus Soja, Seitan, Lupine und Co. Lass dich von deiner Neugier packen und schlag gleich zu!

 Stufe

 Weltretterpunkte

 Nebenwirkungen

Bio büffeln

Heute informierst du dich mal darüber, was „bio" eigentlich bedeutet. Welche Bio-Siegel und -Labels gibt es und was verbirgt sich dahinter? Was bedeutet Demeter, Bioland und Naturland und was unterscheidet die ökologische Landwirtschaft von der konventionellen?

Starte doch mal ganz niederschwellig und gib bei www.wikipedia.org „Bio-Siegel" ein. Dort kannst du dir den ersten Überblick verschaffen.

 Stufe

 Weltretterpunkte

 Nebenwirkungen

Das Wort „büffeln" versetzt dich zurück in alte Schulzeiten? Dann mal eben eine Mind-Map oder such dir eine hippe Memotechnik aus!

Gibt es dein Lieblingsprodukt auch in bio?

Sicher hast du ein Lieblingsprodukt im Supermarkt, auf das du absolut nicht verzichten kannst. Heute machst du dich aber mal auf die Suche nach einer biologischen Alternative.

Denn so ziemlich jedes Lebensmittel gibt es auch mit Bio-Siegel. Das kostet dich nur einen minimalen Aufpreis, mit dem du der Umwelt etwas Gutes tust und ist am Ende nicht nur ein Plus für den Planeten, sondern auch für deine Gesundheit. Und vielleicht schmeckt dir die Bio-Alternative ja sogar noch besser!

Stufe

Weltretterpunkte

Nebenwirkungen

Schluss mit einzeln verpacktem Zeug

Klar, es ist praktisch: Kleine Portionen, alle einzeln verpackt, bleiben länger frisch … Trotzdem: Lass es einfach sein. Du wirst es ja wohl noch schaffen, innerhalb von ein paar Tagen eine Packung Kekse oder 500 g Joghurt zu essen.

Achte also heute beim Einkaufen mal darauf, dass du Müll vermeidest und mache einen Bogen um das einzeln abgepackte Zeug.

Stufe

Weltretterpunkte

Nebenwirkungen

Pflanze Küchenkräuter

Wenn du heute einkaufen gehst, dann kauf einen Topf mit Küchenkräutern und stell ihn auf den Balkon oder die Fensterbank.

Egal ob Thymian, Majoran, Basilikum, Salbei oder Lavendel, Schmetterlinge lieben alles, was duftet, und die Blüten bieten ihnen wertvolle Nahrung. Außerdem kannst zum Essen ab sofort frische Kräuter pflücken – das spart dauerhaft Verpackungsmüll und Geld und schmeckt dazu auch noch lecker.

Stufe

Weltretterpunkte

Nebenwirkungen

Heute 3 x saisonal

Heute gehst du in die Obst- und Gemüseabteilung deines Supermarktes und kaufst dort drei saisonale Produkte (ultimatives Hilfsmittel: der Saisonkalender!). Ist gerade Sommer, fällt dir das vielleicht nicht besonders schwer. Im Winter bleiben aber vielleicht nur Weißkohl, Pastinaken und Zuckerhut. Da musst du dann schon etwas kreativer werden.

Der Vorteil ist jedoch immer: Du sparst eine Menge CO_2 ein, denn das Obst und Gemüse hat keinen langen Weg hinter sich und kommt nicht aus einem beheizten Gewächshaus oder aus einem extra gekühlten Lager. Gut für die Umwelt also!

Stufe

Weltretterpunkte

Nebenwirkungen

Heute 3 x regional

Kaufe heute bewusst drei Produkte, die aus deiner Region kommen. Das kann eigentlich alles sein: ein Päckchen Tofu, eine Flasche Milch, eine Packung Mehl oder auch etwas aus der Gemüseabteilung. Die Produkte haben alle nur einen kurzen Weg bis zu deinem Supermarkt hinter sich und sind daher gut für die Umwelt.

Stufe

Weltretterpunkte

Nebenwirkungen

Frisch statt fertig

Auch wenn es so schön praktisch ist: Heute verzichtest du mal auf sämtliche Fertiggerichte, Tiefkühlpizzen und Raviolidosen. Denn alle Fertigprodukte werden unter hohem Energieaufwand hergestellt (Vorgaren, Schockfrosten, Verpackung, lange Transportwege, und, und, und ...). Du wirst sehen, frisch kochen dauert zwar ein bisschen länger, schmeckt aber auch besser. Außerdem ist es gesünder für dich – und für die Umwelt.

Stufe

Weltretterpunkte

Nebenwirkungen

Nur weil auf der Verpackung „wie frisch gemacht" steht, ist das noch lange keine Entschuldigung, zur TK-Variante zu greifen! Finger weg!

Biokiste

Biokisten gibt es inzwischen in jeder Stadt. Informiere dich heute im Internet darüber und bestell dir gleich eine Probekiste.

Die Kisten liefern tolles regionales und saisonales Obst und Gemüse und bringen so Abwechslung auf deinen Teller. Ganz nebenbei tust du noch etwas Gutes für die Umwelt und stärkst die Bauern vor Ort.

Stufe

Weltretterpunkte

Nebenwirkungen

Den Bauernladen kennenlernen

Transparent, saisonal, regional und direkt ist der Einkauf im Bauernladen. Und entspannter als an der Supermarktkasse ist das Einkaufen dort noch dazu. Auf www.dein-bauernladen.de kannst du herausfinden, welche Bauernläden es in deiner Nähe gibt. Auch über ihr Sortiment kannst du dich hier schon vorab informieren. Aktuelle Infos zu Veranstaltungen rund um das Thema gibt's obendrauf.

Wirf heute mal einen Blick auf die Website und entdecke neue Einkaufsmöglichkeiten in oder vor den Toren deiner Stadt.

Stufe

Weltretterpunkte

Nebenwirkungen

Vegetarischen Brotbelag ausprobieren

Was kommt bei dir so auf die Stulle? Meistens ist doch die Frage: Wurst oder Käse? Auf die Dauer ganz schön langweilig. Erweitere heute deinen Horizont und probiere vegetarische Brotaufstriche aus. Die größte Auswahl hast du im Bioladen. Nimm einfach drei unterschiedliche Aufstriche mit nach Hause und probier dich durch. Du wirst sehen: Das ist auch ganz lecker und bringt Abwechslung auf dein Brot!

Stufe

Weltretterpunkte

Nebenwirkungen

Vorräte anlegen

Lageräpfel, die du im Supermarkt kaufst, haben oft eine extra schlechte CO_2-Bilanz, denn sie müssen monatelang in Kühlräumen auf dich warten. Anders sieht es jedoch aus, wenn du selber einen Vorrat im Keller anlegst. Bei niedrigen Temperaturen – etwa 4 °C – kann man zum Beispiel Äpfel, aber auch Kartoffeln und Möhren bis zu fünf Monate lang lagern.

Mach dich heute auf die Suche nach einem kühlen Platz in deinem Keller oder auf dem Dachboden, der sich zum Lagern eignen könnte.

Stufe

Weltretterpunkte

Nebenwirkungen

Ein Besuch auf dem Wochenmarkt

Heute verlegst du deinen Einkauf mal auf den Wochenmarkt. Hier ist es nicht nur sehr viel entspannter als im Supermarkt, das Einkaufen ist auch persönlicher und du bekommst auf jeden Fall regionale und saisonale Zutaten. Die Händler wissen außerdem genau über die Herkunft ihrer Waren Bescheid und können dir Auskunft darüber geben.

Stufe

Weltretterpunkte

Nebenwirkungen

Empfehlenswerte Fischarten

Schon mal was von Überfischung gehört? Die Bestände vieler Fischarten, die täglich bei uns auf dem Teller landen, werden immer kleiner. Es gibt bereits Regionen, in denen man kaum mehr Fisch fangen kann.

Informiere dich heute darüber, welche Fischarten du noch mit gutem Gewissen essen kannst. Auf der Internetseite von Greenpeace findest du z. B. einen sehr guten Einkaufsratgeber. Gib in das Suchfeld „Einkaufsratgeber Fisch" ein und du kommst zum Dokument. Das Ganze gibt es aber auch als App. www.greenpeace.de

Stufe

Weltretterpunkte

Nebenwirkungen

Fisch mit Siegel kaufen

Heute gibt es Fisch, aber bitte nur mit Siegel. Das blaue MSC-Siegel ist das am strengsten kontrollierte Siegel für wild gefangenen Fisch und sollte deine Kaufentscheidung immer begleiten. Es steht für nachhaltige Fischerei und Fangmethoden, die andere Lebewesen nicht gefährden. Auf in den Supermarkt, Ausschau halten und nur zertifizierten Fisch eintüten.

Stufe

Weltretterpunkte

Nebenwirkungen

Eine Woche ohne Fleisch

Starte heute ein Experiment: Eine Woche keine Tiere! Angefangen bei der Wurst bis hin zu den Hähnchenstreifen im Salat oder dem Steak am Wochenende. Ach ja, und bedenke auch die Gelatine in Gummibärchen und Wackelpudding, die ist nämlich aus dem Bindegewebe von Schweinen und Rindern – lecker! Vielleicht ist diese Woche ein Klacks für dich, vielleicht auch die größte Herausforderung deines Lebens.

Eine Woche ohne Fleisch liegt jenseits deiner Vorstellungskraft? Du armes Würstchen!

So oder so: Es lohnt sich, denn auf Fleisch zu verzichten, ist nicht nur aus Tierschutzgründen gut, es ist ebenfalls eine Wohltat fürs Klima, schützt die Wälder und spart eine ganze Menge Wasser.

Stufe

Weltretterpunkte

Nebenwirkungen

Zu gut für die Tonne

Wieder viel zu viel gekocht oder eingekauft? Vieles ist einfach zu gut für die Tonne. Ein tolles Projekt ist da das Foodsharing: Lebensmittel und Reste, die du nicht mehr isst oder brauchst, kannst du in einem Essenskorb online anbieten. Vom Vanillezucker bis hin zu Resten von deiner Party darf alles dabei sein. Informier dich auf www.foodsharing.de und finde einen Abnehmer für deine Reste.

Stufe

Weltretterpunkte

Nebenwirkungen

3 Tage vegan!

Was ist noch herausfordernder als vegetarisch? Richtig, vegan! Denn da verzichtest du nicht nur auf Fleisch, sondern auch gleich noch auf alle anderen tierischen Produkte wie Milch, Käse, Eier oder sogar Honig. So nah wie in den nächsten drei Tagen warst du der Weltrettung definitiv noch nie!

Unzählige Kochbücher oder Foren machen es dir vor. Und wenn du als Quintessenz in Zukunft nur ein paar tierische Produkte im Alltag durch pflanzliche ersetzt, so hat es sich schon gelohnt. Denn auch die vegane Ernährung hält alle Eiweiße und Proteine parat, die der Mensch sonst durch tierische Produkte wie Fleisch und Milch zu sich nimmt.

Stufe

Weltretterpunkte

Nebenwirkungen

Nur die Harten kommen in den Garten!

Gesamter Einkauf im Bioladen

Heute ist es Zeit für einen ganz großen Schritt – den ganzen Einkauf im Bioladen. Such dir einen Bioladen oder auch einen Bio-Supermarkt aus und kauf dort alles ein, was auch sonst in deinem Einkaufswagen landet. Das könnte etwas teurer werden als sonst, aber was Umwelt- und Klimaschutz angeht, liegt der Bioladen uneinholbar vorne. Wenn es um Ästhetik geht, übrigens auch.

Stufe

Weltretterpunkte

Nebenwirkungen

Schick essen ohne Fleisch

Im Restaurant werden selbst die ambitioniertesten Weltretter mal schwach. Die Poulardenbrust oder das Rinderfilet klingen auch einfach zu lecker!

Aber heute musst du mal richtig tapfer sein, denn für dich es gibt es kein Fleisch. Nein, auch keine Bratensoße zu den Kartoffeln oder Speckwürfelchen im Salat!

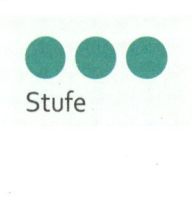
Stufe

Weltretterpunkte

Nebenwirkungen

Hey, glotz dem Nachbarn nicht so lüstern auf den Teller! Genieß deine fleischlose Mahlzeit gefälligst mit Stil und Anmut!

Vegetarischer Kochkurs

Ganz ohne Fleisch kochen – dazu fällt dir immer noch nicht viel ein? Heute unternimmst du etwas dagegen. Dem Trend sei Dank gibt es in nun wirklich jeder Stadt einen vegetarischen Kochkurs, z. B. bei der VHS.

Hier lernst du in der Gruppe und das motiviert! Melde dich noch heute an, lerne tolle Rezepte zu kochen und reduziere damit deinen Fleischkonsum.

Du hast Angst, dich am Herd zu blamieren? Keine Sorge, da gibt's bestimmt noch andere GURKEN WIE DICH!

 Stufe

 Weltretterpunkte

 Nebenwirkungen

Investiere in einen Schnellkochtopf

In einem Schnellkochtopf werden die Lebensmittel bei höheren Temperaturen gegart als in einem normalen Topf.

Die Kochzeit wird somit verkürzt und du benötigst weniger Energie für das Garen. Wenn du also noch keinen Schnellkochtopf hast, ist das eine gute Investition.

 Stufe

 Weltretterpunkte

 Nebenwirkungen

 Konsum & Müll

Räume deinen Kleiderschrank auf

Klingt nicht nach Weltrettung? Ist aber die Vorarbeit dazu: Denn jetzt weißt du genau, was du hast, machst dir klar, was du brauchst, entdeckst aber vielleicht auch, dass du mehr besitzt, als du dachtest. Dann kannst du erst mal auf neue Klamotten verzichten, ja vielleicht sogar ein paar weitergeben bzw. verkaufen. Damit sorgst du auf einen Schlag für mehr Geld in deinem Portemonnaie und eine ökologisch sinnvolle Zweitnutzung. Wenn du nicht zum Secondhand-Ankauf oder Flohmarkt gehen willst, kannst du die Sachen auch online verscherbeln, z. B.: www.momox-fashion.de

Stufe

Weltretterpunkte

Nebenwirkungen

Lass deine Klamotten flicken

Viele Klamotten landen wegen einer aufgeplatzten Naht oder ein paar fehlenden Knöpfen im Müll. Dabei ist es in den meisten Fällen möglich, das Ganze zu flicken. Und günstig ist es auch noch: Du investierst ein paar Euro und kannst deine Sachen weitertragen! Das schont den Geldbeutel und die Umwelt. Und die kleine Schneiderei um die Ecke freut sich auch.

Stufe

Weltretterpunkte

Nebenwirkungen

Informiere dich über Recycling-Mode

Keine Sorge, hier geht's nicht um gebrauchte Unterhosen. Noch ist es ein kleiner Trend, aber immer mehr Designer entwickeln Recycling-Mode, bei der gebrauchte Textilien und andere Materialien direkt für Kleidungsstücke und Accessoires wiederverwertet werden. Heute heißt es also: Das Internet durchstöbern und mal sehen, ob da etwas für dich dabei ist. Und das zählt sogar als Training, denn Recycling-Mode bedeutet weniger CO_2-Ausstoß bei der Herstellung, keinen zusätzlichen Ressourcenverbrauch und keine Umweltbelastung beim Baumwollanbau.

Starte doch z. B. auf www.dawanda.de, da findest du in der Rubrik „Mode" unter dem Suchwort „Recycling" einige kleine Designer und deren Produkte. Oder du schaust bei www.pyua.de vorbei, die machen sogar recycelte Skiklamotten.

Stufe

Weltretterpunkte

Nebenwirkungen

Schau mal in die Bio-Ecke

Längst haben die meisten großen Marken und Kaufhäuser auch Kleidung aus Bio-Baumwolle im Programm. Und bio ist selbst bei den großen Ketten besser. Das bedeutet zwar noch keine fairen Arbeitsbedingungen für die Menschen, die deine Klamotten herstellen, aber immerhin weniger Gift an den Händen, im Boden und im Wasser. Wenn du heute also unbedingt mal wieder in einen Marken-Store oder ins Kaufhaus musst – frag nach der Bio-Ecke!

Hast du etwa Angst vor der Bio-Ecke? Mach dir nicht ins Hemd! Die Pullover, T-Shirts, Hosen usw. sehen aus wie andere Kleidung auch, nur steckt eben Bio-Baumwolle drin.

Stufe

Weltretterpunkte

Nebenwirkungen

Kosmetik-Diät

Geht ganz einfach und macht garantiert nicht hungrig: Benutze heute einfach nur die nötigsten Kosmetika. Und davon die halbe Menge. Warum das alles? Fast jeder cremt, sprüht, schäumt und schminkt täglich viel mehr auf Haut und Haar, als eigentlich notwendig ist. Mit der Kosmetik-Diät findest du die richtige Menge und spülst weniger problematische Stoffe, Ressourcen und Geld den Abfluss runter.

Stufe

Weltretterpunkte

Nebenwirkungen

Öko-Shampoo kaufen

Bestimmt dauert es nicht mehr lange, bis deine Shampoo-Flasche mal wieder leer ist und im Müll landet. Deswegen ist heute der ideale Tag, um dich im Laden nach einem ökologischen Shampoo umzuschauen – einfach auf die Bezeichnung „Naturkosmetik" achten! Denn damit tust du der Umwelt und deiner Kopfhaut etwas Gutes.

Hemmungen, ins Reformhaus oder in den Bioladen zu gehen? Musst du nicht haben: Längst gibt's Bio-Shampoos und Kosmetik in jeder Drogerie und in fast allen Supermärkten.

Du willst noch eine Schippe drauflegen und deine Haare extra ökologisch waschen? Dann probiere mal ein festes Shampoo aus (auch Solid Shampoo genannt). Das sieht aus wie ein Stück Seife, kommt oft nur in einer Papierverpackung daher und hält viel länger als seine wasserbasierten Kollegen aus der Plastikflasche. Kaufen kannst du das vor allem online, z. B. hier:
www.lush-shop.de   www.sauberkunst.de

Stufe

Weltretterpunkte

Nebenwirkungen

Dreh deinem Spray das Gas ab

Sprühflaschen mit Deo- oder Haarsprays zerstäuben nicht nur ihren Wirkstoff, sondern oft auch umwelt- oder klimaschädliche Gase. Pumpsprays machen das nicht und funktionieren mit ein bisschen Muskelkraft im Zeigefinger. Außerdem gibt es sie nicht in der Aludose, sondern in Glas- oder Plastikflaschen, die im Vergleich eine deutlich bessere CO_2-Bilanz besitzen. Deo-Roller oder - Steine sind ebenfalls eine umweltfreundlichere Wahl.

Kaufe also heute eine umweltfreundlichere Alternative für dein Haarspray oder dein Deo ...

Stufe

Weltretterpunkte

Nebenwirkungen

Wie wär's mit umweltfreundlicher Kosmetik?

Gerade bei Produkten der Körper- und Schönheitspflege kommt es auf die Produktionsweise und die Inhaltsstoffe an. Wenn du dir ein paar wichtige Label, Zeichen und Siegel merkst, kannst du Tierversuche, Chemikalien auf der Haut und Umweltverschmutzung vermeiden. Die wichtigsten Label sind das EU Ecolabel, das BDIH-Zeichen, Demeter, CSE und Natrue.

Eine Übersicht mit Abbildungen und Bewertungen aller gängigen Siegel findest du hier: www.label-online.de → Kategorien → Kosmetik und Sanitär

Stufe

Weltretterpunkte

Nebenwirkungen

Ökologisches Geschirrspülmittel verwenden

Deine heutige Mission führt dich in die Drogerie. Dort suchst du ein Geschirrspül-mittel, das biologisch abbaubar ist und kein Erdöl enthält. Halte am besten nach einem Siegel mit dem Signalwort „bio" oder „öko" Ausschau. Dein Geschirr wird ab jetzt umweltfreundlicher sauber und auf dem Teller bleibt weniger Chemie zurück.

Stufe

Weltretterpunkte

Nebenwirkungen

Lies lieber online

Sicher hast auch du ein Tablet oder Smartphone – eventuell sogar beides. Dann benutz es doch auch, um Zeitschriften und Zeitungen darauf zu lesen. Also heute noch umsteigen aufs Online-Abo. Das schont Ressourcen, reduziert Müll und spart Geld! (Extra dafür ein Tablet zu kaufen, ist allerdings absolut nicht nachhaltig!)

Stufe

Weltretterpunkte

Nebenwirkungen

Direktrecycling

Gehörst du noch zu den guten alten Briefeschreibern? Selbst, wenn nicht, ab und zu muss man schon mal was eintüten und zur Post bringen. Damit du auch dabei Ressourcen sparst, besorge dir heute noch direktrecycelte Briefumschläge und Versandtaschen. Die sehen sogar toll aus, weil sie z. B. aus alten Landkarten ge-macht sind. Schau z. B. gleich mal hier: www.direktrecycling.de

Stufe

Weltretterpunkte

Nebenwirkungen

Sei ein Aufschneider

Beinahe jede Tube, die du so kaufen kannst, rückt einen erstaunlich großen Rest ihres Inhalts nicht einfach so heraus. Damit der aber nicht im Müll landet, kannst Du die Tube einfach aufschneiden. Hast du irgendwo noch eine fast leere Tube stehen? Dann nichts wie her mit der Schere. So kommst du an den übrigen Inhalt, sparst Geld und Ressourcen – und die völlig entleerte Verpackung lässt sich leichter recyceln.

Stufe

Weltretterpunkte

Nebenwirkungen

Geschenke verpacken ohne Emissionen

Geschenkpapier ist bei jedem Präsent das klimaschädliche Sahnehäubchen. Für einmal ein- und auswickeln werden Ressourcen und Energie verschwendet und CO_2 in die Luft geblasen. Hast du schon für den nächsten Geburtstag ein Geschenk zu Hause rumliegen? Dann pack es doch einfach mal in Papier ein, das du sowieso schon benutzt hast. Zeitungen und Magazine liefern meist genug Material dafür.

Wenn du wiederum Geschenke bekommst und diese vorsichtig öffnest, kannst du das Geschenkpapier häufig wiederverwenden.

Stufe

Weltretterpunkte

Nebenwirkungen

Eiskalt genießen

Diese Tüten, mit denen man Eiswürfel macht, mögen ja vielleicht ganz praktisch sein – umweltfreundlich sind sie nicht! Denn bei jeder Eiswürfelladung entsteht Verpackungsmüll.

Wenn du also gerne Eiswürfel in deine Drinks schmeißt, besorge dir heute noch eine wiederverwendbare Form – die gibt es übrigens auch mit Deckel, falls jetzt das Argument mit dem Kühlschrank-Geschmack kommt. Eiswürfelformen sind billig, genauso praktisch, und du kannst sie immer wieder benutzen.

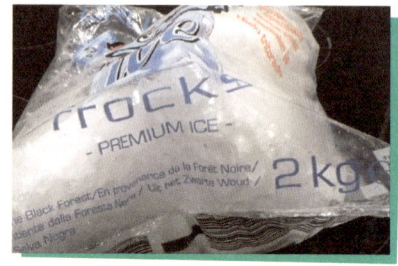

Stufe

Weltretterpunkte

Nebenwirkungen

Glatteisbekämpfung

Der Winter naht? Um Unfällen vor deiner Haustür vorzubeugen, musst du natürlich etwas gegen das Glatteis tun. Damit es dabei aber auch der Umwelt gut geht, benutze dafür auf keinen Fall Salz. Das belastet den Boden und die Gewässer und bei der Herstellung wird auch noch CO_2 ausgestoßen.

Kaufe also heute lieber eine große Packung Splitt oder Sand, das hinterlässt keinen unökologischen Beigeschmack. Wenn dann auch noch der blaue Engel auf der Verpackung abgedruckt ist, umso besser.

Stufe

Weltretterpunkte

Nebenwirkungen

Elektronik ausmisten

Kennst du das auch? Da hat man jetzt einen neuen Fernseher, aber der alte steht auch noch irgendwo herum. Das alte Handy funktioniert zwar, wurde aber schon längst durch ein neues ersetzt. Wenn deine ausrangierten Elektrogeräte einfach zu Hause rumliegen, verwandeln sie sich langsam in Elektroschrott. Besser wäre da doch, du verkaufst die vermutlich gar nicht so ollen Dinge einfach. Jemand anders kann so umweltschonend zuschlagen, du verdienst ein paar Euro extra und vermeidest Müll. Wie? Ganz einfach, z. B. bei einem Online-Elektrogeräte-Verkauf. Die verkaufen dein Gerät weiter und machen das auch noch möglichst ökologisch. Also, jetzt die alten Geräte zusammensuchen und verscherbeln! www.flip4new.de

Elektronik weiterverkaufen ist dir zu aufwendig? Dann verschenke das Zeug eben! Du bist es los, ein anderer freut sich – und die Umwelt freut sich mit.

Stufe

Weltretterpunkte

Nebenwirkungen

Die gute alte Bücherei

Na, schon lange nicht mehr in der Bücherei gewesen, was? Also: Heute noch eine Büchereikarte besorgen und losstöbern! Jede gute alte Bibliothek hat natürlich längst einen Online-Katalog. Kurz reinklicken und Wunschbuch suchen – das spart Geld und Ressourcen. Übrigens gibt es in vielen Büchereien mittlerweile auch E-Books.

Stufe

Weltretterpunkte

Nebenwirkungen

Mach Platz im Bücherregal!

Klar, nur weil du ein paar Bücher aus dem Regal nimmst, bist du noch kein Klimaheld. Erst wenn du den Stapel der nächsten Bücherei, einem Antiquariat oder Tauschring überlässt, ist das gut für die Umwelt: Jetzt müssen andere deine Bücher nicht mehr neu kaufen und sparen so CO_2. Nett von dir. Und:

Wenn du deine Altleselasten verkaufst, verdienst du noch daran. Dank Online-Portal geht das auch vom Sofa aus, z. B. bei: www.regalfrei.de oder www.rebuy.de

Stufe

Weltretterpunkte

Nebenwirkungen

Bitte keine Werbung

Je nach Menge an Werbesendungen kann der Weg vom Briefkasten zurück schon einmal zum ungeplanten Hanteltraining werden. Wenn du dir das sparen willst und im Gegenzug bereit bist, das ein oder andere (gar nicht so) sensationelle Tiefpreisangebot zu verpassen, dann klebe heute einen Aufkleber mit den folgenden drei Wörtern auf deinen Briefkasten: BITTE KEINE WERBUNG!

Damit kann dein Briefkasten ungefähr 30 Kilo Werbeprospekte pro Jahr abspecken und dem Klima etwa 6 Kilo CO_2-Ausstoß ersparen.

Stufe

Weltretterpunkte

Nebenwirkungen

Du hast keinen Aufkleber? Dann schreib den Satz einfach auf einen Zettel und kleb ihn an den Briefkasten.

IST DOCH NICHT SO SCHWER!

Recherche zum klimafreundlichen Konsum

Klimafreundliche Produkte im Laden zu bekommen, ist gar nicht so schwer. Man muss nur wissen, welche überhaupt klimafreundlich sind. Fang heute an, dich darüber zu informieren, z. B. in der „Produktwelt" vom Blauen Engel – hier findest du eine lange Positivliste klimaschonender und umweltverträglicher Waren. www.blauer-engel.de

Und dann gibt's da noch die EcoTopTen-Seite des Öko-Instituts: www.ecotopten.de

Stufe

Weltretterpunkte

Nebenwirkungen

Umweltfreundlich surfen

Deine Aktivitäten im Internet sind nicht klimaneutral. Der Datenverkehr, den du erzeugst, wenn du daddelst oder streamst, wird mit jeder Menge CO_2-Ausstoß bezahlt, weil der Strom für die weltweiten Serverparks häufig aus Kohlekraftwerken stammt.

Reduziere deinen Online-Fußabdruck ein bisschen, indem du Suchportale mit ökologischem Gewissen benutzt. Die investieren ihre Einnahmen in Naturschutzprojekte und betreiben ihre Server mit Ökostrom. Mach die ökologische Suchmaschine am besten einfach zu deiner Startseite, dann verfällst du nicht wieder in alte Muster. Gutes Beispiel: www.ecosia.org

Stufe

Weltretterpunkte

Nebenwirkungen

Kleidung ohne Tüte

Beim Klamottenkauf werden die neuen Sachen meistens ungefragt in Plastik- oder Papiertüten verpackt. Das ist aber nur nötig, wenn du keine ausreichend große Tasche dabei hast. Also: Ob Riesenhandtasche oder Jutetüte – ganz egal. Nimm heute mal selbst eine Tasche mit zum Shoppen.

Stufe

Weltretterpunkte

Nebenwirkungen

Ökologisches Waschmittel

Geh heute in einen Laden deiner Wahl und schau dich beim Waschmittel nach ökologischen Alternativen um. Das muss noch nicht einmal (viel) teurer sein, dafür belastet es sowohl bei der Herstellung als auch bei der Entsorgung über die Abwasserleitungen die Umwelt deutlich weniger. Das Waschergebnis ist genauso gut. Und du hast ab sofort weniger reizende Waschmittelrückstände auf der Haut.

Stufe

Weltretterpunkte

Nebenwirkungen

Nachfüllen statt neu kaufen

Anstatt leere Druckerpatronen wegzuwerfen, kannst du sie auch nachfüllen lassen: Informiere dich heute, ob es in deiner Nähe eine Filiale eines Nachfülldienstes für Druckerpatronen gibt (z. B. „Cartridge World", „Druckershop", „Tintenstation"). Nachfüllen ist deutlich günstiger als neu kaufen und schont die Umwelt!

Stufe

Weltretterpunkte

Nebenwirkungen

Papierloses Büro

Heute ist eine kleine Bewusstseinsübung dran: Willst du bei der Arbeit oder zu Hause etwas ausdrucken, dann halte kurz inne und überlege, ob das gerade wirklich nötig ist.

Na, wer druckt da schon wieder die E-Mail aus? LASS DAS!

A propos „papierloses Büro": Seit 1950 hat sich unser Papierverbrauch in Deutschland versiebenfacht ...

Stufe

Weltretterpunkte

Nebenwirkungen

Akkus statt Batterien

Mach heute in der Mittagspause einen Ausflug in den nächsten Elektronikladen oder die Drogerie und kauf einen Satz Akkus und dazu ein Ladegerät, wenn du noch keins hast. Das ist in der Anschaffung zwar teurer als Einwegbatterien, aber spätestens nach 10 Ladezyklen hast du das Geld wieder drin.

Damit hilfst du, den Riesenberg von gekauften Batterien ein klein bisschen zu reduzieren – 35.000 Tonnen sind das in Deutschland jedes Jahr!

Stufe

Weltretterpunkte

Nebenwirkungen

Druckerpatronen & Tonerkartuschen entsorgen

Entsorge deine alten Druckerpatronen oder Tonerkartuschen heute mal richtig! Das bedeutet: Wirf sie nicht einfach in den Hausmüll, sondern entsorge sie über eine Sammelbox. Die steht in jedem größeren Elektronikmarkt bereit. Alternativ kannst du die leeren Kartuschen auch spenden oder sogar verkaufen:

www.caritas.de → Spende und Engagement → Anders helfen → CaritasBox
www.geldfuermuell.de www.cartridge-space.de

Stufe

Weltretterpunkte

Nebenwirkungen

Neuer Style fürs Waschbecken

Verpasse deinem Waschbecken heute einen neuen Style: Kauf dir statt der ständig neuen und meist hässlichen Wegwerf-Plastikflaschen einmalig einen hübschen Seifenspender und steige auf Nachfüllpacks um. Sieht schicker aus und macht deinen Müllsack schlanker.

Ökologisch und preislich unübertroffener Klassiker: die Seife am Stück – hier landet dann auch viel weniger Seife im Abwasser, weil du nicht bei jedem Händewaschen überdosierst.

Stufe

Weltretterpunkte

Nebenwirkungen

Notizen, Notizen

Womit schreibst du eigentlich deinen Einkaufszettel oder die schnelle Notiz beim Telefonieren? Mit einem Fineliner oder einem Einwegkugelschreiber? Höchste Zeit, das zu ändern!

Kauf deine Schreibwerkzeuge doch heute mal mit ökologischem Bewusstsein: Nachfüllbare Kulis oder Fineliner – die du dann auch wirklich nachfüllst – oder Füller mit Konverter. Und auch Textmarker lassen sich ganz leicht durch grellbunte Buntstifte ersetzen.

Stufe

Weltretterpunkte

Nebenwirkungen

Heute geht's zum Wertstoffhof

Suche in deiner Wohnung alle alten Batterien, Energiesparlampen, zerkratzte CDs und DVDs, nicht reparable Elektrogeräte und anderen Sondermüll bzw. Wertstoffmüll zusammen und mache einen Ausflug zum Wertstoffhof in deiner Nähe. Falls der für dich zu schlecht zu erreichen ist:

Die entsprechenden Sammelboxen findest du auch in vielen Supermärkten und Elektroläden. Wo ist bei dir um die Ecke die nächste? Mach dich schlau!

Stufe

Weltretterpunkte

Nebenwirkungen

Öko-Geschenke

Schadstoffe, Klimawandel und Artensterben gelten gemeinhin nicht als gute Geschenkideen. Viele Produkte bringen aber genau das mit – schön versteckt hinter ihrer hübschen Fassade. Wenn du also bald jemanden beschenken willst, dann schau dich doch heute mal nach einem ökologisch sinnvollen Geschenk um. Klingt nach Häkeldecke? Ganz falsch!

Lass dich vom Gegenteil überzeugen, beispielsweise bei www.green-your-life.de oder www.lilligreenshop.de (Noch mehr Ideen unter „Shops für nachhaltigen Lifestyle" in den Surftipps für Weltretter auf Seite 146).

Stufe

Weltretterpunkte

Nebenwirkungen

Nachhaltiges Spielzeug

Klar, Spielzeug soll toll aussehen! Für die Gesundheit der Kinder und die Umwelt zählt zunächst einmal aber, wie das Ganze produziert wurde und was drin steckt. Öko-Spielzeug ist längst nicht mehr farblos und öde. Heute darfst du dich mal etwas umschauen und die nächsten Öko-Spielzeug-Geschenke planen.

Wo? Im kleinen Spielzeugladen in der nächsten Stadt (nach ökologischem Spielzeug fragen) oder online, zum Beispiel bei: www.echtkind.de www.gruenes-spielzeug.de www.greenstories.de

Stufe

Weltretterpunkte

Nebenwirkungen

Werkzeuge leihen

Wie oft braucht man schon einen Schlagbohrer oder eine Stichsäge? Eben. Das Gute: Du musst so etwas auch nicht besitzen! Du kannst es nämlich in jedem Baumarkt ganz einfach ausleihen. Oder bei deinem netten Nachbarn natürlich. Spart CO_2 bei der Produktion, jede Menge Geld und Elektromüll!

Damit du das nächste Mal vorbereitet bist, darfst du dir heute eine Liste mit allen Geräten schreiben, die du eventuell mal brauchen könntest und der Angabe, wo du sie leihen kannst. Im Zweifel hilft dabei eine kleine Radtour zum nächsten Baumarkt.

Zu faul zum Radeln? Bei manchen Baumärkten kannst du die Mietgeräte „deines" Marktes auch online einsehen. Da wird's dann eng mit den Ausreden ...

Stufe

Weltretterpunkte

Nebenwirkungen

Müll trennen

Heute besuchst du mal die Homepage deiner örtlichen Entsorgungsbetriebe und führst dir die Handreichungen zur Mülltrennung zu Gemüte. Und, bei wie vielen Mülltrennungs-Fehlern ertappst du dich?

Ab heute jedenfalls bei keinem mehr, denn ab sofort hast du das drauf – oder du druckst es dir aus und hängst es gut sichtbar in die Nähe deiner Mülleimer. Das hilft dann vielleicht auch noch anderen, die in deinem Haushalt leben.

Stufe

Weltretterpunkte

Nebenwirkungen

Zahnbürste aus Bambus

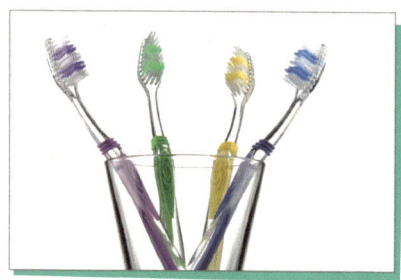

Wo gibt's denn sowas? Naja, online natürlich. Macht den Zahnbürstenkauf erst mal komplizierter. Und Verpackungsmüll und CO_2-Ausstoß beim Versand entsprechen der schlechten Klimabilanz der Plastik-Zahnbürste aus dem Laden. Allerdings: Erst durch Nachfrage ändert sich was im Sortiment. Langfristig ist das also eine gute Sache.

Und eines steht fest: Diese Bambus-Bürsten fühlen sich unglaublich gut an. Probier's aus: www.hydrophil.biz

Stufe

Weltretterpunkte

Nebenwirkungen

Wattestäbchen ohne Plastik

Das Wichtige an Wattestäbchen sind ja eigentlich nur die weichen Enden aus Baumwollfasern. Das Stäbchen dazwischen ist meist aus Plastik – muss es aber nicht sein: Längst gibt es die ökologische Alternative aus Pappe. Bekommst du heute sicher im Bioladen mit Kosmetiksortiment und in vielen Drogerien und Supermärkten.

Damit du weißt, wonach du suchen musst, schau doch vorher einmal online nach, z. B. bei www.dm.de → Suche: Bio-Wattestäbchen

Stufe

Weltretterpunkte

Nebenwirkungen

Dreh deinen Cremes das Erdöl ab

Wer will schon Erdöl im Gesicht? Naja, wenn man ins Drogerie-Regal schaut, könnte man meinen, dass das fast alle wollen. Denn die meisten konventionellen Cremes haben eine Paraffin-Basis (auch mal Petroleum, Isoparaffin oder Vaselin), welche aus Erdöl gewonnen wird.

Das ist erstaunlicherweise nicht unbedingt schlecht für die Haut, aber schlecht für die Umwelt: Bei der Herstellung entsteht jede Menge CO_2. Naturkosmetik verzichtet auf Paraffine – und damit ganz nebenbei auch auf Erdöl aus Krisenregionen.

Stufe

Weltretterpunkte

Nebenwirkungen

Nachfüllpack besorgen

Was du häufig verbrauchst, gibt es meist auch im großen Nachfüllpack: Seife, Spül- oder Waschmittel, Klopapier ... Nachfüll- und Vorratspackungen sparen Geld, vermeiden Verpackungsmüll und senken damit auch den CO_2-Ausstoß. Außerdem musst du seltener Nachschub besorgen.

Da dein Zeug zu Hause eh bald wieder verbraucht ist, geh heute noch los und kaufe einen Satz Nachfüllpacks. So hast du auch nicht mehr diese lästigen Sonntage ohne Klopapier ...

Stufe

Weltretterpunkte

Nebenwirkungen

Bio mit jeder Faser

Informiere dich über Bio-Klamotten – also Kleider, deren Fasern ohne Pestizide hergestellt werden. Das schützt die Natur, die Menschen, die auf den Feldern und an der Nähmaschine arbeiten – und natürlich deine Haut. Außerdem benötigt man in aller Regel deutlich weniger Wasser bei der Herstellung. Ein geniales Portal für Öko-Mode ist zum Beispiel: www.avocadostore.de

Adressen von weiteren Online-Shops mit fairer und ökologischer Mode findest du in den Surftipps für Weltretter ab Seite 145.

Stufe

Weltretterpunkte

Nebenwirkungen

Accessoires per Upcycling

Heute brauchst du eine absurd kleine Tasche, neuen Schmuck oder ein neues Tuch in einer bestimmten Farbe? Mit anderen Worten, du brauchst Accessoires. Also gut, dann aber bitte dafür die Welt nicht zugrunde richten. Aus Müll, Schrott und Ausrangiertem neue Produkte herzustellen, nennt man Upcycling. Gerade bei Taschen, Inneneinrichtung und Lampen gibt's da schon unzählige Ideen – ganz ohne Ressourcenverschwendung und fast ohne CO_2-Ausstoß. Premium-Recycling sozusagen. Upcycling-Produkte findest du zwar nur selten in Geschäften, aber dafür kannst du heute einfach mal entspannt nach deinen neuen Lieblingsstücken im Netz suchen. Die sehen auch garantiert nicht wie Müll aus. Beispiel gefällig? www.upcycling-deluxe.com

Stufe

Weltretterpunkte

Nebenwirkungen

Chemikalien aufspüren

Viele Kosmetikartikel enthalten hormonell wirksame Chemikalien. Die können u. a. Krebs erzeugen und Spermien schädigen. Das ist vor allem mal schlecht für deine Gesundheit. Weniger Chemie bedeutet aber auch immer ein Plus für die Umwelt. Teste deine Kosmetik mit der ToxFox-App des BUND: www.bund.net/toxfox

Stufe

Weltretterpunkte

Nebenwirkungen

Besuche einen Online-Kleidertauschring

Secondhand-Mode muss nicht neu produziert werden und ist so gesehen fast CO_2-neutral. Zusätzlicher Style-Faktor: Du bekommst Dinge, die es so gar nicht mehr zu kaufen gibt. Und nebenbei sparst du auch noch Geld. Also geh mal stöbern und schau dir einen Kleidertauschring oder eine Secondhand-Börse im Netz an. Zum Beispiel: www.kleiderkreisel.de oder www.kleiderkorb.de

Stufe

Weltretterpunkte

Nebenwirkungen

Schuster besuchen

Absatz abgebrochen, Sohle abgelaufen? Schau heute in deinen Schuhschrank und bringe die lädierten Exemplare zum Schuster. Der repariert sie für ein bisschen Kleingeld, du kannst deine Schuhe noch lange weiternutzen und reduzierst dein Konsumvolumen. Das ist gut für den Geldbeutel, den Schuster und die Umwelt.

Stufe

Weltretterpunkte

Nebenwirkungen

Papier? Recycling!

Heute darfst du mal ein Blatt Papier vor dich legen und einen Stift zücken. Jetzt schreibst du alle Produkte darauf, die aus Papier bestehen und die du regelmäßig oder auch nur hin und wieder kaufst. Und wenn du mit dieser Liste fertig bist, darfst du ganz groß RECYCLINGPAPIER drüber schreiben. Denn fast jedes Papierprodukt kann wiederum aus Altpapier hergestellt werden: Druckerpapier, Klopapier, Geschenkpapier, Notizzettel, Ordner, Notizbücher, Kalender, Schulhefte, Blöcke, Kartons ...

Im Schreibwarenladen an der Ecke gibt's dein Wunschprodukt nicht aus Recyclingpapier? BLEIB TAPFER! Unmut darüber kundtun (damit sich das vielleicht bald ändert) und dann woanders umsehen.

Stufe

Weltretterpunkte

Nebenwirkungen

Urlaub einmal bio?

Wusstest du das? Nicht nur Gemüse, auch Hotels gibt es in bio. Wenn du hier Urlaub machst, gönnst du dir nicht nur einen schönen Urlaub, sondern engagierst dich beim Erholen auch gleich noch für den Planeten. Du denkst, dass du dir das nicht leisten kannst? Abwarten, denn Bio-Hotels gibt's in allen Kategorien – von super-chic bis bodenständig – und zumindest in Europa inzwischen beinahe in jeder Urlaubsregion. Mach dich also heute mal auf die Suche, vielleicht spricht dich ja eins der Hotels so an, dass du gleich buchen willst. Nur im Reisebüro wirst du wahrscheinlich kaum fündig werden. Zum Glück gibt's ja das Internet. Surftipps für Bio-Hotels findest du auf Seite 144.

Stufe

Weltretterpunkte

Nebenwirkungen

Urlaubsplanung ohne Hotel

Diese Übung ist mal was richtig Nettes. Plane heute deinen nächsten Urlaub! Einzige Bedingungen: Klimafreundlich soll er sein. Das bedeutet unabhängig vom Reiseziel für deine Unterkunft: Kein Hotel, sondern eine Ferienwohnung, Jugendherberge oder Camping. Denn die CO_2- und Müll-Bilanz von Hotelaufenthalten ist richtig fies.

Zusätzliches Plus: spart Geld. Das kannst du dann zum Beispiel für extra feines Essen oder spannende Unternehmungen im Urlaub ausgeben.

Stufe

Weltretterpunkte

Nebenwirkungen

Keller ausmisten

Das wird Knochenarbeit: Heute mistest du deinen gesamten Keller aus. Was das der Umwelt bringt? Ganz einfach: Alles, was du aussortierst, verkaufst du!

Damit verdienst du dir zwar keine goldene Nase, aber deine Aktion spart Kohlendioxid, weil etwas Gebrauchtes auf den Markt kommt und dadurch nichts neu produziert werden muss. Zumindest, sofern du dir von deinem frisch eingenommenen Geld nicht gleich wieder was Neues kaufst.

Stufe

Weltretterpunkte

Nebenwirkungen

Konsumstopp

Eine Woche ohne Konsum. Geht das überhaupt? Finde es heraus! Heute geht es los und dann heißt es 7 Tage lang: Gekauft wird nur das, was du für deine Ernährung brauchst. Sonst nichts. Keine Kleidung, keine Elektronik, keine Deko, aber auch kein Kino, kein Restaurantbesuch.

Die Übungen zum nachhaltigen Konsum aus diesem Workout sind natürlich ausgenommen ...

FINGER WEG VOM GELDBEUTEL!

Stufe

Weltretterpunkte

Nebenwirkungen

Privat offline gehen

Jetzt ist aber Schluss! Ja, und zwar mit dem Datenverkehr. Nicht für immer, klar. Aber für diese Woche. Du gehst jetzt einfach mal offline (Übungen aus deinem Workout ausgenommen). Keine sozialen Netzwerke, kein Surfen, kein Streamen, keine Downloads, kein Webradio, keine Mails. Wenn du das wirklich durchhältst, ist das aktiver Klimaschutz.

Nur könnte es eventuell sinnvoll sein, vorab den einen oder anderen Freund zu informieren, der dich sonst für tot halten könnte.

Stufe

Weltretterpunkte

Nebenwirkungen

Öko-Tarif fürs Handy

Braucht man dafür ein Handy aus Holz? Nein. Man muss einfach nur den Vertrag unterschreiben und darf sein eigenes Handy mit einer neuen Sim-Karte bestücken ... und ab sofort gehen 15 % des Umsatzes an den NABU, der damit Umweltschutz-Aktionen finanzieren kann. Ist bestimmt teuer? Nö. Details findest du unter:
 www.nabu-umwelt-tarif.de

Stufe

Weltretterpunkte

Nebenwirkungen

Ökologische Geldgeschäfte

Was macht eigentlich deine Bank mit deinem Geld? Keine Ahnung? Damit du hier nicht ungewollt in Rüstungsfirmen, Ölplattformen, Massentierhaltung oder andere hübsche ökologische Tretminen investierst, solltest du dich heute mal darüber informieren. Und im Zweifel wechseln: zu einer ethischen, ökologischen und nachhaltigen Bank.

Gibt's nicht? Doch, gibt's. Sogar gleich ein paar zur Auswahl, z. B. die hier:
www.gls.de www.umweltbank.de
www.ethik-bank.de www.triodos.de

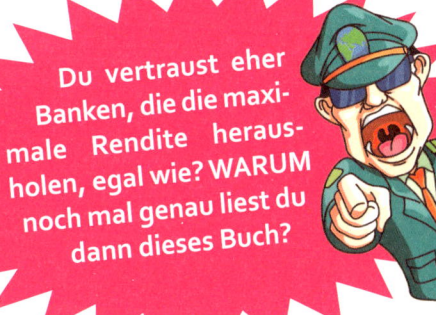

Du vertraust eher Banken, die die maximale Rendite herausholen, egal wie? WARUM noch mal genau liest du dann dieses Buch?

Stufe

Weltretterpunkte

Nebenwirkungen

5 Geschafft! Die Auswertung

Herzlichen Glückwunsch, du hast dein Workout beendet! Damit hast du 6 Wochen Training der etwas anderen Art hinter dir! Und, wie hat es sich angefühlt? Hast du eine Übung nach der anderen locker gemeistert und bist nun ein gestählter Klimaheld? Oder bist du häufiger an deine Grenzen gestoßen und hast vielleicht auch mal die ein oder andere Übung übersprungen?

Ganz egal wie, du hast es geschafft! Du hast 6 Wochen lang durchgehalten und dich immer wieder neuen Herausforderungen gestellt. Und deshalb solltest du dir erst einmal kräftig selbst auf die Schulter klopfen. Auch wenn dabei nicht alles reibungslos geklappt hat, du zwischendurch einen Motivationsdurchhänger hattest oder ab und zu gekniffen hast: Du hast immerhin den Versuch gewagt. Und selbst, wenn du dein Workout mittendrin abgebrochen hast, hast du zumindest kleine Dinge verändert – und das alleine hat schon direkte Auswirkungen auf das Klima und die Umwelt.

Wenn jeder in Deutschland einmal dieses Workout starten würde, wären die Auswirkungen riesig. Ein Beispiel: Alleine durch das Ausschalten der Klima-

anlage im Auto spart man im Schnitt 10 bis 15 % beim Kraftstoffverbrauch. Stell dir vor, nur 10.000 Menschen fahren die nächsten hundert Kilometer gezielt ohne Klimaanlage: Das wären bei einem angenommenen Durchschnittsverbrauch von 7 Litern Kraftstoff etwa 8.750 Liter weniger Sprit und 20 Tonnen weniger CO_2-Ausstoß!

Die nächste Rechnung darfst du selbst machen: In Deutschland werden im

Jahr mehr als 260 Milliarden Kilometer mit dem PKW zurückgelegt – wenn nur bei der Hälfte davon die Klimaanlage aus bleibt, wie viele Tonnen CO_2 weniger wären das?

Und das ist nur ein einziges Übungsbeispiel aus dem kompletten Workout der letzten 6 Wochen! Jetzt wird es Zeit, den Stift zu zücken und deine persönliche Bilanz des gesamten Trainings zu ziehen.

Die Auswertung deines Weltretter-Workouts

Wie geht es deinen Problemzonen nach den 6 Wochen Training und was hat sich tatsächlich verändert? Wie intensiv und schweißtreibend war dein Workout? Kannst du mittlerweile auf deinen gestählten Weltretterbody stolz sein oder wabbeln die ökologischen Fettpolster immer noch fröhlich vor sich hin? Hier kannst du punktgenau auswerten, wie effektiv dein Training wirklich war und welches Weltretter-Level du erreichen konntest.

So ermittelst du dein Weltretter-Level:

Addiere nun alle Weltretter-Punkte der Übungen, hinter die du in den letzten 6 Wochen in deinem Trainingsplan einen Haken machen konntest. Am besten, du machst das erst einmal für jede Woche einzeln und zählst im Anschluss alle Punkte zusammen. So siehst du auch, ob du dich während deines Workouts von Woche zu Woche steigern konntest, oder ob deine Leistungskurve in Sachen Weltrettung irgendwann drastisch eingeknickt ist.

Meine Weltretter-Punkte	
Woche 1	
Woche 2	
Woche 3	
Woche 4	
Woche 5	
Woche 6	
Gesamtsumme	

Weniger als 10 Weltretter-Punkte Weltretter-Level 1

Du hast weniger als zehn Weltretter-Punkte gesammelt? Na, dann hast du das Workout mit Sicherheit bereits nach wenigen Tagen abgebrochen. Die Tatsache, dass du trotzdem diese Auswertung liest, zeigt, dass du dennoch nicht einfach alles hinschmeißen möchtest.

Ob sich da dein schlechtes Gewissen meldet oder du jemand bist, der Dinge, die er einmal angefangen hat, nicht einfach wieder lassen kann, auch wenn er sie hasst, ist dem Klima und der Umwelt egal. Hauptsache, du nutzt das und steigst noch einmal ins Training zur Weltrettung ein. Beim zweiten Versuch

hältst du sicher ein paar Tage länger durch. Und wegen des Zwangs zum Weitermachen kannst du ja mal bei Gelegenheit einen Psychotherapeuten aufsuchen ...

10-99 Punkte Weltretter-Level 2

Du findest, das Workout war öde, viel zu unrealistisch oder nervig? Oder war es vielleicht einfach zu fordernd, schlecht in deinen Alltag zu integrieren und deshalb nicht durchzuhalten? Waren die Hindernisse einfach zu groß?

Egal, woran es lag, du hast einen Anfang gemacht und das ist gut! Vermutlich bist du schon ziemlich zu Beginn eingeknickt und hast die ein oder andere Übung gerne mal sausen lassen. Oder hast du irgendwann einfach ganz abgebrochen, weil du dachtest: „Das bringt doch sowieso nichts"? Das ist falsch, denn es muss nicht immer die revolutionäre Umwälzung sein. Auch viele kleine Aktionen haben in der Summe einen großen Effekt. Du hast mit jeder einzelnen Übung etwas bewirkt und kannst auch weiter etwas bewirken.

Du solltest dich fragen: Was will ich? Bin ich nur ein Gelegenheits-Weltretter? Oder kann ich mehr? Und wenn du mehr willst, dann starte einfach erneut und stelle dich diesmal auch den größeren Herausforderungen. Dir ist unterwegs die Puste ausgegangen, ok, aber jetzt heißt es: Weg vom Intervalltraining, auf zum Dauerlauf! Beginne von vorne, teste deine Problembereiche erneut, plane dein Training und lass dich diesmal nicht aufhalten.

100–129 Punkte: Weltretter-Level 3

Nicht schlecht! Trotz deiner Erfolge war das Workout für dich aber eher ein Hürdenlauf als ein kontinuierliches Training. Die ein oder andere Übung hat dich nämlich offensichtlich ins Straucheln gebracht.

Woran lag's? Waren einige Übungen doch zu anstrengend für dich oder hast du dich nicht konsequent an den Plan gehalten? Welche Hindernisse waren nicht zu überwinden?

Momentan bewegst du dich eher im Mittelfeld, was dein Weltretter-Level betrifft. Das solltest du jetzt aber nicht als Niederlage auffassen. Sieh es besser so: Du bist ganz schön ins Schwitzen geraten und hast schon was geschafft, aber da ist auf jeden Fall noch Luft nach oben!

Wenn das nicht ein gegebener Anlass ist, um noch einmal neu durchzustarten ... Denn deine Problemzonen sind

abdruck ist in den letzten Wochen jedenfalls geschrumpft, dein ökologisches Übergewicht zurückgegangen und dein Wohltäter-Herz gewachsen.

Level 4 hast du erreicht, ein Weltretter-Level, das sich durchaus sehen lassen kann. Doch wie geht es jetzt weiter? Ist hier schon Schluss? Das kommt ganz auf deine Ziele an. Du solltest dich fragen, was du noch erreichen willst. Sicherlich hast du noch das ein oder andere Pölsterchen, das sich hartnäckig hält und das du noch in Angriff nehmen kannst. Also starte noch mal von vorne! Und vor allem: Kämpfe gegen den Jo-Jo-Effekt!

zwar schon etwas geschrumpft, aber noch nicht gänzlich abtrainiert. Also, ran an den Speck und noch mal von vorne! Frag dich vorher, wo es genau gehakt hat und was dich vom vollen Erfolg des Workouts abgehalten hat. An diesen Stellen heißt es diesmal dann doppelt Zähne zusammenbeißen und nicht gleich aufgeben. Du kannst das schaffen!

130-159 Punkte: Weltretter-Level 4

Gratulation! Du kannst stolz auf dich sein, denn du hast eine ganze Menge erreicht. Du bist vor kaum einer Aufgabe zurückgeschreckt und hast dich tapfer selbst den größeren Herausforderungen gestellt. Sieht ganz so aus, als hättest du richtig Spaß dabei gehabt, dich an den Plan zu halten und dabei auch mal deine Grenzen auszutesten. Fühlt sich verdammt gut an, wenn die überflüssigen CO_2-Pfunde purzeln, oder? Dein ökologischer Fuß-

Mehr als 160 Punkte: Weltretter-Level 5

Du bist einsame Spitze: Du und das Weltretter-Workout, ihr seid eins geworden. Du bist voll in deinen Übungen aufgegangen und hast dich allen Widrigkeiten zum Trotz jeder Herausforderung gestellt. Du warst konsequent und hast jeden Tag deine Trainingseinheit erfolgreich absolviert! Glückwunsch! Das Workout hat offensichtlich deinen Kampfgeist geweckt und du wolltest es um jeden Preis schaffen. Dabei hast du dich getraut, deine eingefahrenen Gewohnheiten zu ändern – und das hat sich richtig gut angefühlt. Und nun?

Glaube ja nicht, dass dein Weg hier zu Ende ist. Denn sonst hast du schneller, als du gucken kannst, wieder neue CO_2-Pfunde auf den Rippen. Bleib am Ball und beuge dem Jo-Jo-Effekt vor. Und was hindert dich daran, auch in den beiden anderen Problembereichen zu trainieren, in denen du im Test zu Beginn besser abgeschnitten hast? Dein bisheriger Erfolg zeigt: Auch dort kannst du noch viel erreichen!

Noch eine Runde?

Du startest noch mal von vorne? Sehr gut, genau das braucht dieser Planet. Mache erneut den Weltretter-Test, bestimme deine Problemzonen aufs Neue und stürze dich ins nächste Workout. Online findest du dafür einen frischen Workout-Plan zum Download.
www.rap-verlag.de/workoutplan

6 Gegen den Jo-Jo-Effekt

Du hast deine ökologischen Pölsterchen oder auch deine komplette Öko-Wampe erfolgreich abgebaut. Gratulation! Doch mach jetzt bitte nicht den Fehler und leg dich auf die faule Haut, denn da lauert eine Gefahr auf dich: der Jo-Jo-Effekt!

Egal, welches Weltretter-Level du durch das Workout erreicht hast: Deine Reise ist nicht zu Ende. Entweder hast du immer noch einige überschüssige CO_2-Pfunde, die du abtrainieren könntest. Oder du hast dich tatsächlich in Top-Form gebracht – dann solltest du unbedingt darauf achten, dass dein neuer Umwelt-Astral-Körper weiterhin so schön gestählt bleibt. Allzu schnell setzen sich an den falschen Stellen wieder Pölsterchen an. Denn der Jo-Jo-Effekt lungert schon bei dir zu Hause auf der Couch rum und verlässt sich dabei ganz auf seinen größten Trumpf: deine alten Gewohnheiten. Lass nicht zu, dass sich die alten, unliebsamen Angewohnheiten wieder einschleichen.

Wenn du jetzt locker lässt, stehst du in wenigen Wochen wieder genau da, wo du am Anfang warst: Mit niedrigem Weltretter-Level und viel zu hohem ökologischen Übergewicht. Du hast dich 6 Wochen lang diszipliniert und

Also, wappne dich gegen den Jo-Jo-Effekt. Und davor schützt am besten: Muskelmasse! Du hast deine Umweltmuskeln mit dem Workout schon trainiert und eine Grundfitness aufgebaut. Jetzt geht es darum, sie zu definieren, spielen zu lassen und gnadenlos einzusetzen, um dein Weltretter-Level zu halten oder sogar noch zu verbessern.

Natürlich helfen wir dir dabei. Wir wollen, dass du deine Erfolge möglichst lange genießen kannst – davon haben Klima und Umwelt schließlich am meisten. Um dich zu unterstützen, gibt es für dich jetzt kurz und knapp ein paar wichtige Tipps, die dir dabei helfen, ökologischem Übergewicht auch in Zukunft vorzubeugen und deine Gewohnheiten dauerhaft zu ändern – sprich: ein Weltretter zu bleiben!

dabei gespürt, wie viel Spaß es machen kann, auf der guten Seite zu stehen. Gib das nicht wieder auf, sondern lass den Stein, den das Workout angestoßen hat, weiterrollen. Bleib aktiv und nimm aus den 6 Wochen Training neue Basics für deinen Alltag mit.

Tipp 1: Bleib am Ball!

1 Plane weiter regelmäßige Trainingseinheiten ein und behalte einige deiner festen „Umweltdates" in deinem Terminkalender bei. Suche dir am besten Übungen aus, die man immer wieder machen muss und die somit fester Bestandteil deines Alltags werden können.

2 Konfrontiere dich regelmäßig mit genau den Übungen, die du einfach nicht geschafft hast. Dann kommt auch der Tag, an dem du diese Grenzen überwinden wirst.

3 Egal, was du für dich aus dem Workout ziehen konntest, behalte es bei! Ob es nun große Veränderungen sind oder kleine.

Tipp 2: Mach dich schlau!

Beim Weltretten im Alltag ist Wissen eine unersetzliche Ressource. Das gilt bei nachhaltigem Konsum genauso wie im Verkehr, bei der Ernährung oder bei der Energienutzung zu Hause. Denn nur, wenn du weißt, wo fiese Klima- und Umweltfallen lauern, kannst du sie umgehen. Und nur, wenn du weißt, wo du ökologische Alternativen herbekommst, kannst du sie auch in Erwägung ziehen. Das ist zum Glück keine unlösbare oder zeitfressende Aufgabe, denn online gibt es auf Umwelt- und Verbraucherseiten viele optimal aufbereitete Hintergrundinformationen. Und nachhaltige Online-Stores bieten dir eine riesige Auswahl, die du ganz faul und bequem zu Hause im Sessel durchklicken kannst.

Viele gute Surftipps, mit denen du während oder nach dem Workout tiefer ins Thema einsteigen und dich informieren kannst, sowie Links fürs Shopping findest du ab S. 140.

Tipp 3: Plane voraus!

Weltretter erkennt man nicht nur an ihren Handlungen, sondern auch an ihrer Denkweise. Wenn du vorausschauend planst und die Konsequenzen deines Handelns und deines Konsums im Blick hast, bist du ein wirklicher Weltretter.

Klar, kleine Sofortmaßnahmen, die du in deinem Alltag Tag für Tag umsetzen kannst, sind toll, motivierend und äußerst befriedigend. Aber es geht nicht nur um die kleinen Dinge. Für jedes Großprojekt, das bei dir ansteht, gilt: Es hat mit Sicherheit Auswirkungen auf Klima und Umwelt.

Also denke immer einen Schritt weiter. Du planst eine Geburtstagsparty? Dann überlege erst mal ganz genau: Was brauche ich wirklich? Welche Location ist angemessen? Wie kommen meine Gäste dorthin? Wird der Raum beheizt? Welches Geschirr wird verwendet? ...

Wenn mal wieder eine größere Anschaffung ansteht, zum Beispiel ein neuer Kühlschrank, dann plane detailliert, über welche Funktionen und Eigenschaften dein Kühlschrank wirklich verfügen muss. Denn nicht nur die Anschaffung hat Auswirkungen auf die Umwelt, auch der tägliche Gebrauch danach ist entscheidend. Hier kannst du massiv Emissionen und Umweltverschmutzung vorbeugen.

Tipp 4: Suche Verbündete!

Das Gewicht ist zu schwer, um es alleine zu stemmen? Lass dir helfen und tu dich mit anderen für die gute Sache zusammen. Das macht gleich doppelt so viel Spaß und motiviert!

Hat der eine ein Tief, holt der andere ihn wieder raus. Und wenn du dich nicht alleine fühlst mit der guten Sache, kommt dir dein Engagement nicht wie ein Tropfen auf den heißen Stein vor. Du siehst, dass du nicht der einzige auf der Welt bist, der die Zeichen verstanden hat und etwas tut.

Rede mit anderen über deine neuen Erfahrungen. Vielleicht schaffst du es ja sogar, so manchen Zweifler oder die ein oder andere „Umweltsau" von ein paar deiner neuen Gewohnheiten zu überzeugen? Und weil diese Idee nicht neu ist, musst du nicht gleich einen eigenen Verein gründen, sondern kannst einfach irgendwo dazustoßen.

Einige Kontaktadressen findest du bei unseren Surftipps für Weltretter unter „Hier kannst du mitmachen" auf S. 147.

7 Surftipps für Weltretter

Nirgends ist es so einfach, ökologische und faire Produkte zu finden, wie in der bunten Welt der Online-Shops. Aber auch wertvolle Tipps und Hintergrundinformationen für einen nachhaltigen Lifestyle gibt es im Web. Du wirst dich also während deines Workouts öfter einmal online herumtreiben. Damit du für deine Übungen und dein Leben nach dem Workout gleich die besten Adressen zur Hand hast und dich nicht lange durch schlechte Websites und öde Shops klicken musst, haben wir hier ein paar Surftipps für Weltretter vorbereitet. Natürlich subjektiv ausgewählt und garantiert nicht vollständig.

Umweltfreundliche Websuche

www.ecosia.org
www.benefind.de

Wohnen & Energie

Infos zu Ökostrom

www.oekostrom-vergleich.com
www.stromeffizienz.de

Die besten Ökostrom-Anbieter

www.ews-schoenau.de
www.lichtblick.de
www.greenpeace-energy.de → *Ökostrom*
www.naturstrom.de

Infos zu Ökogas

www.oekogas-vergleich.com

Die besten Ökogas-Anbieter

www.naturstrom.de → *Privatkunden → Gas*
www.polarstern-energie.de → *Ökogas*
www.greenpeace-energy.de → *Windgas*

Infos zur Modernisierung der Heizungsanlage

www.energiesparen-im-haushalt.de → *Bauen und Modernisieren*
→ *Heizung modernisieren*

Heizungsfachleute finden

www.heizungsfachleute.de

Beratung zur Wärmedämmung und Infos zu Fördermitteln

www.kfw.de → *Privatperson → Bestandsimmobilie*

 Müll

Infos zur Abfallvermeidung

www.umweltbundesamt.de → *Publikationen*
→ *Ratgeber: Abfälle im Haushalt*
www.abfallberatung.de → *Abfallberatung → Abfallvermeidung*

Komposthaufen anlegen

www.bund-sh.de → *Infoservice → Downloads → Kompost.pdf*

 # Mobilität

Das umweltfreundlichste Verkehrsmittel für deine Reise

www.ecopassenger.org

Mitfahrgelegenheiten

www.fahrgemeinschaft.de
www.bessermitfahren.de
www.blablacar.de
www.mitfahrgelegenheit.de

Fernbus-Portale

www.busliniensuche.de
www.fernbus24.de
www.checkmybus.de

Auto-Kaufberatung mit ökologischem Gewissen

www.besser-autokaufen.de

Auto-Umweltliste mit den klimafreundlichsten Neuwagen

www.vcd.org → *Projekte* → *Auto-Umweltliste*

Infos zur Elektromobilität

www.dekra-elektromobilitaet.de → *Elektromobilität im Alltag*

www.unendlich-viel-energie.de → *Themen* → *Verkehr*
→ *Elektromobilität*

E-Bike-Beratung

www.e-radkaufen.de → *Kaufberatung*

🍴 Ernährung

Regionales und saisonales Einkaufen/Saisonkalender

www.regional-saisonal.de
www.deutsches-obst-und-gemuese.de

Eier-Kennzeichnung entschlüsseln

www.was-steht-auf-dem-ei.de

Bio-Zeichen im Überblick

www.wikipedia.org → *Bio-Siegel* → *Vergleich der Biosiegel*
www.biodukte.de → *Biosiegel*

Vegetarisch und vegan kochen und leben

www.vebu.de
www.vegan-sein.de

Veganer Online-Supermarkt

www.alles-vegetarisch.de

Hof-, Bioladen- und Bio-Supermarkt-Verzeichnisse

www.biodukte.de
www.dein-bauernladen.de

Verantwortungsvoller Fischgenuss

www.msc.org
www.greenpeace.de → *Einkaufsratgeber Fisch*

Sinnvolle Resteverwertung

www.foodsharing.de

 # Konsum

Infos zu umweltfreundlichem Lebensstil und Konsum

www.utopia.de
www.nachhaltigleben.de

Labels für nachhaltigen Konsum

www.label-online.de

Umweltfreundlich Urlaub machen

www.vertraeglich-reisen.de
www.biohotels.info

Technik selbst reparieren

http://forum.electronicwerkstatt.de

Druckerpatronen oder Tonerkartuschen recyceln

www.geldfuermuell.de
www.cartridge-space.de

Handy-Recycling oder -Ankauf

www.handysfuerdieumwelt.de

Gebrauchte elektronische Geräte kaufen oder verkaufen

www.rebuy.de
www.flip4new.de

Kaufberatung für umweltfreundliche Technik

www.ecotopten.de

Nachhaltige Produkte aus allen Bereichen

www.blauer-engel.de

Alte Bücher kaufen und verkaufen

www.regalfrei.de
www.rebuy.de
www.zvab.com

Kosmetik-Check auf schädliche Inhaltsstoffe

www.bund.net/toxfox

Solid Shampoos

www.lush-shop.de
www.sauberkunst.de

Ökologisch vertretbares Einweggeschirr

www.papstar-pure.de

Kleidung verkaufen, verschenken und tauschen

www.kleiderkreisel.de
www.momox-fashion.de

Die besten Öko-Modelabels

www.armedangels.de
www.bleed-clothing.com
www.thokkthokkmarket.com
www.kuyichi.com
www.green-shirts.com
www.manomama.de
www.knowledgecottonapparel.com

Eco-Fashion-Stores

www.avocadostore.de
www.glore.de
www.greenality.de

Recycling-Mode

www.dawanda.de → *Recycling-Mode*

Recycling-Ski- und -Outdoor-Mode

www.pyua.de

Shops für nachhaltigen Lifestyle

www.avocadostore.de
www.schoener-waers.de
www.lilligreenshop.de
www.oeko-planet.com
www.sustainable-lifestyle.de

Büro- und Haushaltsbedarf sowie (Büro-)Möbel

www.memo.de

Ökokaufhäuser

www.grueneerde.com
www.waschbaer.de

Upcycling-Produkte

www.upcycling-deluxe.com
www.dawanda.de → *Upcycling*

Ökologisches Spielzeug

www.echtkind.de
www.hans-natur.de

Nachhaltige Bankgeschäfte

www.gls.de
www.ethikbank.de
www.triodos.de
www.umweltbank.de

 ## CO_2-Ausstoß kompensieren

www.atmosfair.de
www.myclimate.org
www.goclimate.de

 ## Hier kannst du mitmachen

www.nabu.de
www.bund.net
www.greenpeace.org
www.robinwood.de
www.wwf.de

Dein Workout-Plan zum Herausnehmen

Plan fehlt? Einfach downloaden unter:
www.rap-verlag.de/workoutplan

Bildverzeichnis:
Die Bildrechte liegen beim Verlag. Abweichende Bildrechte:

Titel: Erde © 1xpert – Fotolia.com, Person © alphaspirit – Fotolia.com
Alle Buttons (S. 11 – 146): © jente smiler – Fotolia.com
Drill Instructor (S. 44 – 129): © indomercy – Fotolia.com
Fotos: S. 3 © 1xpert – Fotolia.com; S. 5 © concept w – Fotolia.com, 1xpert – Fotolia.com; S. 6 © Stripped Pixel – Fotolia.com; S. 7 © Erni – Fotolia.com; S. 8 oben © EpicStockMedia – Fotolia.com; S. 8 unten + S. 10 © Jürgen Fälchle – Fotolia.com; S. 11 links © tomas – Fotolia.com; S. 12 oben © hperry – Fotolia.com; S. 12 unten © air Art – Fotolia.com; S. 13 – 129 © Paul Dreßler – rap verlag; S. 13 unten © amenic 181 – Fotolia.com; S. 14 © maho – Fotolia.com; S. 17 © fotofinish100 – Fotolia.com; S. 23 © tan4ikk – Fotolia.com; S. 24 © ComZeal – Fotolia.com; S. 26 © Inga Nielsen – Fotolia.com; S. 28 © pn_photo – Fotolia.com; S. 31 © Anton Balazh – Fotolia.com; S. 32 links © guentermanaus – Fotolia.com; S. 32 rechts © Therina Groenewald – Fotolia.com; S. 33 links © sharplaninac – Fotolia.com; S. 33 rechts © EvrenKalinbacak – Fotolia.com; S. 34 links © maho – Fotolia.com; S. 34 rechts © Tracy King – Fotolia.com; S. 35 oben © digitalstock – Fotolia.com; S. 35 unten © Joachim Kreft – Fotolia.com; S. 36 links © pn_photo – Fotolia.com; S. 36 oben © Eisenhans – Fotolia.com; S. 36 unten © axily – Fotolia.com; S. 37 © Smileus – Fotolia.com; S. 40 links © sevaljevic – Fotolia.com; S. 41 links © saied shahinkiya – Fotolia.com; S. 41 rechts © frankfattler – Fotolia.com; S. 42 © itlada – Fotolia.com; S. 43 © Stéphane Bidouze – Fotolia.com; S. 53 © Ljupco Smokovski – Fotolia.com; S. 54 © Erwin Wodicka/Gina Sanders – Fotolia.com; S. 58 © rupbilder – Fotolia.com; S. 63 © airborne77 – Fotolia.com; S. 68 © Photographee.eu – Fotolia.com; S. 70 unten © Ewald Fröch – Fotolia.com; S. 73 © Joachim Kreft – Fotolia.com; S. 75 © Dasha Petrenko – Fotolia.com; S. 76 oben © Kruwt – Fotolia.com; S. 80 © Marco A. Ianniello – rap verlag; S. 81 © Igor Tarasov – Fotolia.com; S. 82 © Yvonne Richardt – rap verlag; S. 83 © Samuele Gallini – Fotolia.com; S. 84 © Julian Kempe – rap verlag; S. 86 © ComZeal – Fotolia.com; S. 87 © seen – Fotolia.com; S. 88 © tan4ikk – Fotolia.com; S. 90 © photophonie – Fotolia.com; S. 93 oben © Dmytro Sukharevskyy – Fotolia.com; S. 93 unten © thomasklee – Fotolia.com; S. 94 oben © Sandor Jackal – Fotolia.com; S. 96 oben © Ally – Fotolia.com; S. 96 unten © M. Schuppich – Fotolia.com; S. 98 © gcpics – Fotolia.com; S. 99 unten © The Photos – Fotolia.com; S. 100 unten © TwilightArtPictures – Fotolia.com; S. 101 unten © Richard Carey – Fotolia.com; S. 102 © singidavar – Fotolia.com; S. 103 © eyetronic – Fotolia.com; S. 104 oben © adisa – Fotolia.com; S. 105 © robert – Fotolia.com; S. 106 © dinozzaver – Fotolia.com; S. 115 © asafeliason – Fotolia.com; S. 117 unten © Smileus – Fotolia.com; S. 118 unten © Dmitry Naumov – Fotolia.com; S. 119 unten © eyetronic – Fotolia.com; S. 120 unten © contrastwerkstatt – Fotolia.com; S. 122 oben © gawriloff – Fotolia.com; S. 122 unten © Dmitry Naumov – Fotolia.com; S. 124 © vschlichting – Fotolia.com; S. 130 © mgebauer – Fotolia.com; S. 131 © Alekss – Fotolia.com; S. 132 © kwasny221 – Fotolia.com; S. 133 links © Željko Radojko – Fotolia.com; S. 133 rechts © borisoff – Fotolia.com; S. 134 links © Marco2811 – Fotolia.com; S. 134 rechts © Helen Kornhaß – rap verlag; S. 135 oben © Michael Tieck – Fotolia.com; S. 135 unten © Richard Carey – Fotolia.com; S. 136 links © Igor Sokolov – Fotolia.com; S. 136 rechts © eyetronic – Fotolia.com; S. 137 oben © bobmachee – Fotolia.com; S. 137 unten © countrypixel – Fotolia.com; S. 138 oben © aquapix – Fotolia.com; S. 138 unten © tchara – Fotolia.com